JN154938

地球の物語

志垣 英雄

東京図書出版

はじめに

世界では今、「環境」が大きく取り上げられ、環境問題として地球温暖化抑制や自然保護がさけばれている。現在のわれわれも将来の人々も決して無視することのできない課題である。しかし今のわれわれに直接大きく影響していないのでその実感がわかないのも事実である。

今一度「環境」を考えるとき、地球の生い立ちから見る必要があるだろう。そこで独自の視点で地球の過去を遡（さかのぼ）り、いかにして現在の環境が生まれたのかを考えてみた。

この内容の多くが筆者独自の理論であって、読者はあくまで物語として見て、読んで、想像して楽しんでもらいたい。

目次

第一章　すべてのはじまり

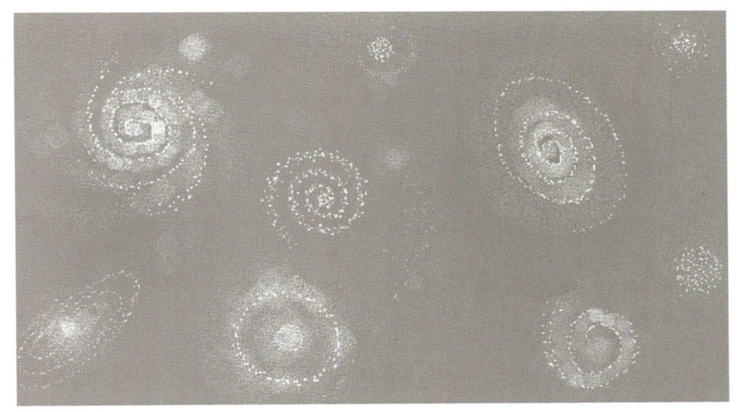

図-1

太陽系の巨大な渦の中で大小さまざまな渦が密集している。衛星となる渦は惑星の渦の中にあり、惑星となる渦はブラックホールがつくる渦の中にある。ブラックホールが全てを支配し、のみ込む。ここではまだ太陽は存在しない。

そこは地もなく、空もなく、法則もない。時間も空間もないような、ブラックホールからはるか遠く離れたところで、さまざまな光が衝突し合い、混じり合い、壊れる。

時間が流れる。まだ形とはならず光のありかも知らない。しかし光は現れては消え、を繰り返す。モヤの中で光は割れ、青い閃光（せんこう）だけが存在する。

さらに時間が流れ、内部からの光がおぼろげな球体を映す。そして別の光がそのまわりで渦を巻く。そのおぼろげな形は、その渦の中のあらゆる所で爆発し、光がなくなり、そして閃光が繰り返される。しかし音はない。

渦の尾がなくなるころ、その球体は青白いモヤに包まれ、その中で赤い光が激しく揺れる。遙か遠く離れたところで、無数のそのような球体がブラックホールを中心に渦を巻き、次々に吸収されていく。途中いくつもの球体が衝突し壊れ、またあるものは吸収され一体となる。そして小さいものから流れるように吸い込まれていく。

ブラックホールはあらゆるものを吸収し、次第に密度が増して吸収力が落ちる。そして渦の途中のいくつかの球体は吸収されることなく軌道を回る惑星となる。惑星の公転はこの時の名残なのか。そしてこの時、ブラックホールは太陽へと変貌する。質量は引力となり法則が誕生する。第三惑星は浮遊する球体をとらえて衛星とする。

安定期に入る。太陽は惑星よりはるかに小さな軽い物体の吸収とエネルギーの放出でバランスを保つ。小さい物体は炎を上げ（コロナ)、より大きい物体は光をふさぐ（黒点)。

惑星は収縮し続ける。それまでに爆発、沸騰、膨張が繰り返され、気体と液体と半固体が区別なく表面を覆っている。やがて外部からのエネルギーがない中、自身がエネルギーを放出しつづけ、星の誕生は収束に向かっていく。

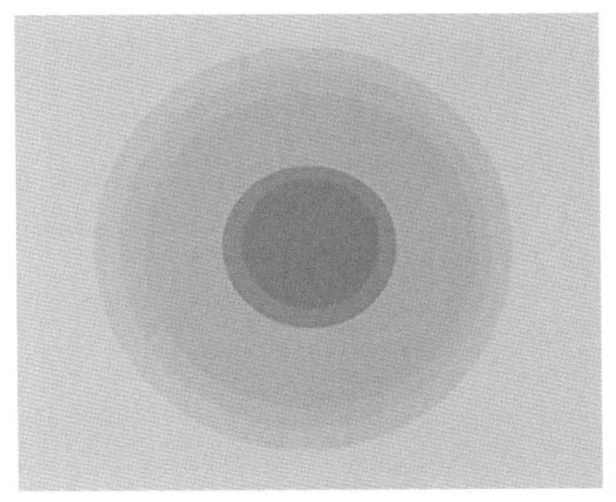

図-2

惑星の重力圏内にあるものは気体・液体・固体として残り、他は宇宙空間へ放出される。しかしまだ気体と液体は沸騰して安定していない。固体は液体と区別がつかない。

惑星は、星の形成過程で表面の流動的な気体・液体が、太陽光によって宇宙空間に放出されてその痕跡を残す。融点の高い物質は熱エネルギーの放出で完全な個体になる。

時間のはじまり（地球の始動）

時間の起源はないが、現在を基準にすると、ある時からの歴史をはじめることができる。

46 億年前

はるかかなたに無数の小さく弱い光がみえる。その一部は姿を現し、音もなく風も起こさず惑星の軌道を横切る。弾道は青白い筋を残すが、やがて消える。そしてこのときたった一つの彗星（すいせい）が第三惑星に衝突する。彗星は惑星の深部に突き

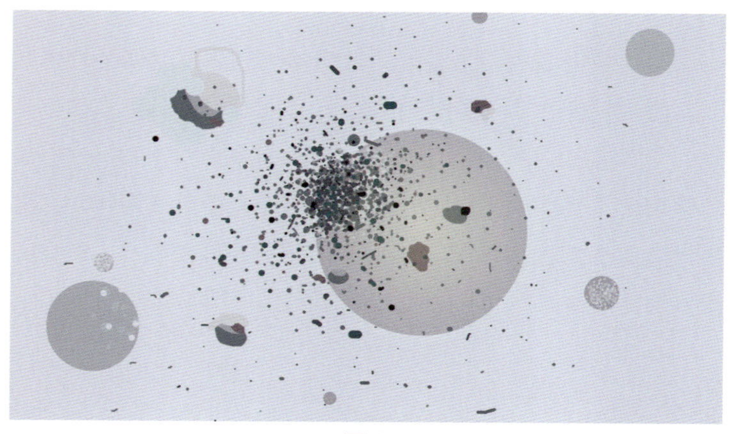

図-3

刺さり砕け散る。その破片の一部は月まで到達し（クレーター）、また一部は太陽をまわる小惑星となる（イトカワ）。地球は激しく震動し地軸が大きく傾く。しかし公転の軌道を逸脱することはない。またこれによって地球の磁性体としての極が、急激な変化により、新たな地軸の極と一致しなくなる。

第二章　天地創造

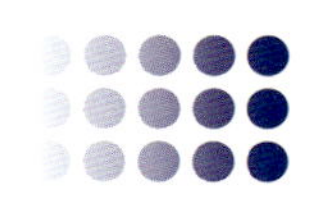

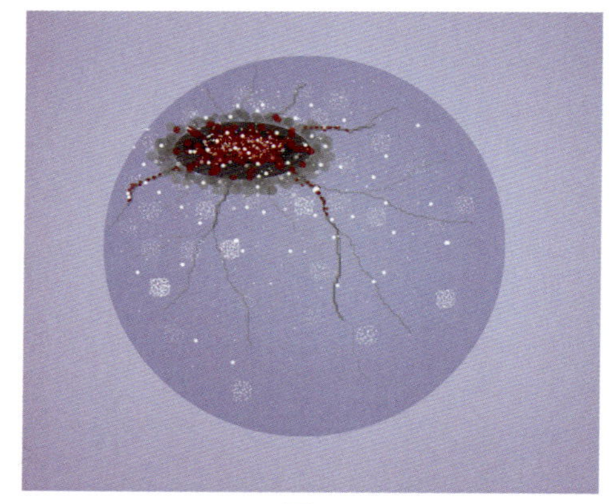

図-4

地球誕生時、外殻が固まりし頃は地球の内部のマントルも規則性をもって回転していたが、彗星の衝突によって地軸が大きく傾斜（23.4°）し、新たな回転が生まれる。地球内部では当初からの回転と新たな回転でマントルは複雑に動く。

複雑な運動はしばらく続くが、長い時間を経て、マントルは規則性をもつ。その後、地球内部では別のさらなる運動が起こる。

初期の層はそれぞれの化合物が一定の厚さで均等に配列されている。しかし彗星の衝突によりその層に亀裂が生じ、そこからさまざまな液体・気体が噴出する。層の下では圧力が下がり収縮をおこす。地殻となった層には、収縮とマントルの複雑な動きによって新たな亀裂が走る（プレート）。そして振動とプレートの移動によってそれまで秩序だって層をなしていた化合物は拡散され、また新たな化合物・混合物をつくる。

彗星の破片や粉塵は地球を覆い、太陽の光を遮り地球の熱エネルギーも閉じ込める。そして大気となる空間が誕生する。そのあとそれまで以上の速さで化学変化が起こり、さまざまな化合物がその中で生成される。

大気は水素・酸素・窒素がほとんど支配する。それらは水蒸気やアンモニアなどのガスにすがたを変えて大気を膨張させる。同時に水蒸気は化学反応による熱エネルギーを大量に放出し、高温の下で硫黄や炭素などが溶け出す。そして新たにメタンガスが次々に発生し瞬時に爆発する。二酸化炭素は大気に占める割合を高め、硫酸はあらゆるものを溶かし、膨張と爆発と炎の嵐で地球は巨大な火の玉となる。

大気には水蒸気と窒素・酸素そして二酸化炭素が、はるか宇宙との境には水素がたくさん残っている。彗星の粉塵は、さまざまな物質と混じり沈降する。そのとき太陽の光があらゆる現象を映し出す。と同時に熱エネルギーは宇宙空間に放出される。水蒸気はいろいろな物質を取り込みながら「地」

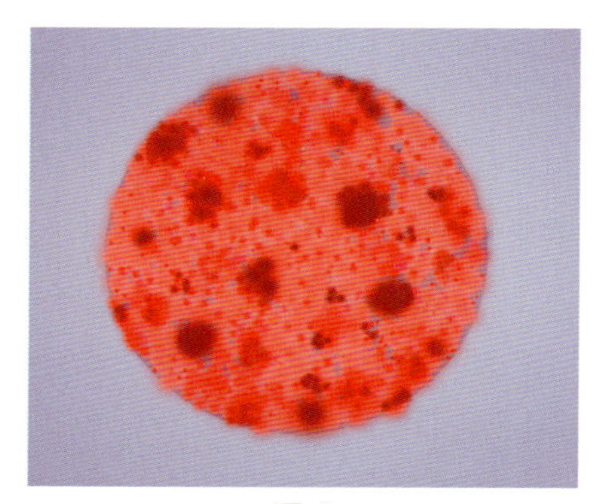

図-5

へ落ち再び熱エネルギーを受け取って大気へ戻る。大気にはまだイオン化した分子や化合物が多く存在し、離れた電子は大気の中を迷走する。それは光として地球の形を浮かび上がらせる。

40億年前

● 海の生成 ●●

爆発は上空で絶え間なく行われる。その下で水蒸気は液体から気体、気体から液体への変化を絶え間なく繰り返す。水の粒子は巨大になり、地球に引き寄せられて地上で沸騰する。一方、亀裂からの酸素・水素・酸化物・炭化物などの噴出は止まらない。それらは上空へ押し上げられ、さらに爆発を大きくして止むことがない。

1億年の後、地表は混濁した液体で覆われ、水蒸気は冷やされて水の量を増していく。混濁した液体は水に溶けないものを沈降させるが、深い水の底は熱く、近づくにつれ沸騰して攪拌される。海底の亀裂が地球内部の高熱を大量に放出し、そして大量のガスを噴出する。海は炭酸ガスが沸騰し大気は二酸化炭素が増え続ける。海底の高熱は海面近くで下がり、その温度が大気の温度と混じり一つになる。水平線はなく、境界がわからない世界で大小の液体の塊が漂う。その上に粒の大きい水蒸気の白の世界がある。

図-6

しかしやがて噴出口は徐々にふさがれ、地球内部からの熱とガスの放出は途切れがちになる。海面は徐々に冷やされる。そしてまたあらたな亀裂から大量の熱とガスを放出する。気体の大部分は安定した水蒸気に変わり、主にアンモニアと二酸化炭素を溶かし上昇と下降をくり返す。上空の爆発はいつしか止み、そこに水素と窒素が残される。

すでに２億年が経過する。

● 地球の活動 ●●

▪ 地殻変動と造山運動

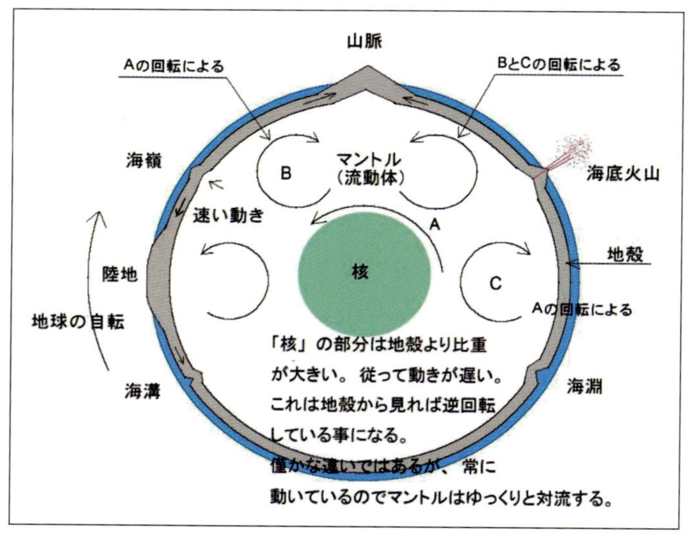

図-7

地球が誕生して間もないころ（４億年くらい）は地殻が薄く流動的である。これは自転とマントルの動きと月の引力に影響される。地球内部では大小さまざまな回転が至るところで起こる。打ち消し合って消滅したり、重なり合って巨大となったり。不規則な運動は予測不能である。

海面から姿をみせた陸地はまだやわらかい。できたてで湯気が立っている。これはしばらくすれば硬い岩盤に生まれかわる。一方海底の地殻は硬化が遅れる。地殻変動によって硬い岩盤とやわらかい岩盤が混じり合う。または重なり合う。もしくは衝突し合って山や台地をつくる。

▪火山活動と地震

初期の地殻変動では、マントルの対流が地表近くまで上がって高温・高圧の流体（マグマ）とガスが薄い地殻を突き破る。地球のあらゆる所でマグマが噴出し、深い赤色が海水を切り裂く。マグマは黒い溶岩と化し大地を広げる。マントルは地殻を押し上げ、プレートをスライドさせる。プレートの移動で、マグマが噴出した痕跡は完全に消され、押し上げられた箇所から新たにマグマが噴出する。

何度か繰り返されると地殻の中にマグマが残される。

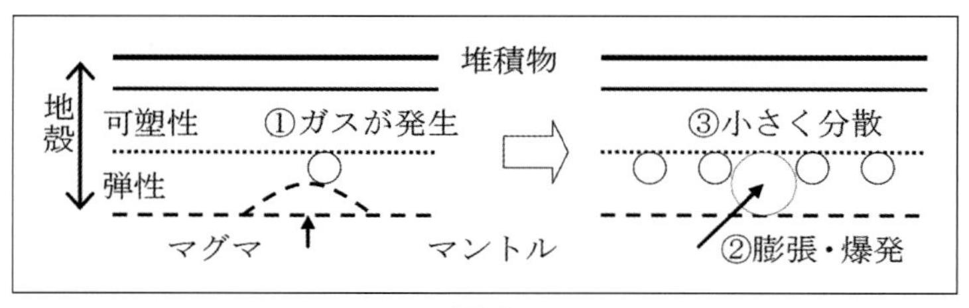

図-8

火山帯の地震は、地殻の可塑性に近い部分でガスが発生しマグマの高熱によって成長する。そして外部からの圧力と自身の膨張によって絶えきれず爆発する。それによって地層に亀裂（断層）が生じる。その後ガスは近くに分散する。そのガスが成長し再び爆発する（余震）。さらに小さく分散されるが、最終的に地層の中に入り込んだり、溶け込んだりして収束する。

地上で爆発したものが噴火であり、地下で爆発したものが地震である。

一方、造山運動（山脈形成）やプレートの移動によって起こる地震はこれとは異なる。しかし弾性の地層と可塑性の地層の境で起こることは一緒である。

第三章　生命誕生

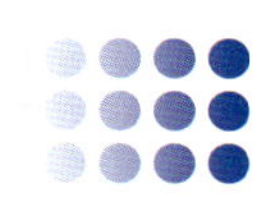

38億年前

いまだ地球は灼熱の地獄である。

気圧は1万ヘクトパスカル。大気は白く海はどす黒い。鉛のような海は浅く闇の世界である。二酸化炭素と水蒸気の大気が地球を覆い、はるか上空には窒素と水素がまだ化合物とならないまま存在する。水素と酸素の反応熱で大気の温度は100℃を超えている。

さらに数億年。気圧は5000ヘクトパスカル、気温は50℃まで下がる。水蒸気が海に加わり海の層が厚くなる。ようやく太陽の光が海面に届く。そこには炭酸ガスの泡の海がある。

数億年におよぶ火山活動と造山運動の結果、初期の陸地は広大になる。陸地の端に淀み（湾）が出来て、やがて生命が誕生する。それは一つの場所ではなく、同じ状況（環境）であれば同時多発的に起こりうる。別の場所で生まれた生命体は違う性質をもつ。そしてそれぞれの生命体は海流にのって地球全域に拡散する。

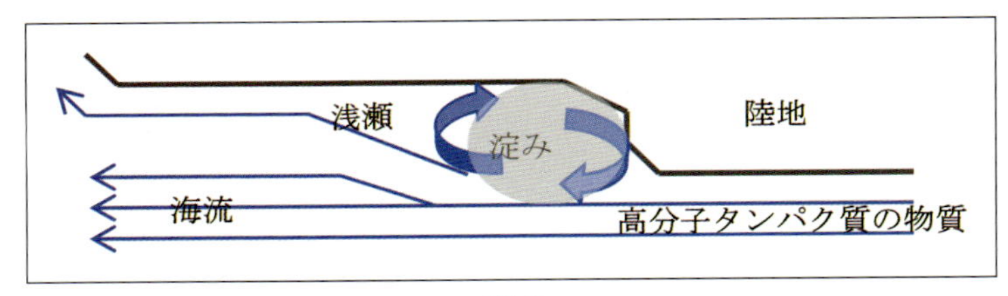

図-9

第一段階　生成

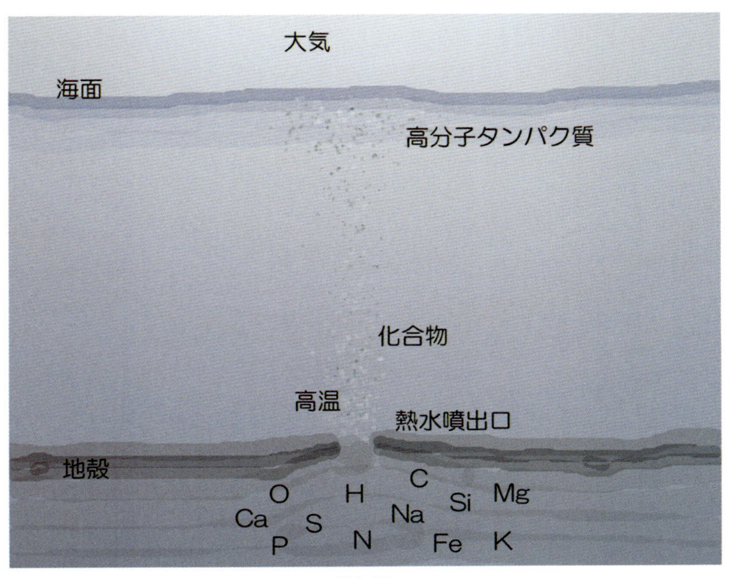

図-10

海面より数百メートルの海底は未だ熱が冷めきらず水温は50℃、水圧は10万ヘクトパスカル。地殻の亀裂箇所は熱水噴出口となり、そこは水温100℃をはるかに超える。

高温・高圧下で有機化合物の一部のアミノ基（$-NH_2$）やカルボキシル基（-COOH）が生成される。そして両者が結合しアスパラギン酸やグルタミン酸などのアミノ酸ができる。やがてそれらをふくむ数万の分子が巨大な塊となってタンパク質になる。それはあらゆる種類と数を無限に増やす。

一部のタンパク質の内部では、ナトリウムなどを含む塩基が、さまざまな分子や酸と結合してデオキシリボ核酸（DNA）をつくる。外部からいろんな塩基が進入し、適合するものは鎖のようにつながっていく。そして76個のアミノ酸からなるタンパク質が細胞をつくる。最初ウィルスが誕生するが、かれらは温度や湿度の変化で生成・消滅をくり返す。はっきりとした外殻を持たない物体である。それはちょうど濡れた紙にインクを落とした模様に似ている。まだ細胞として未完成なのである。

生物は、海に溶け込むこれら様々な物質で形作られる。多く存在するものがそのものを形成しやすい。イオンであった物質が安定した化合物となり、化合物同士が熱や圧力または強い衝突によって大きくなる。

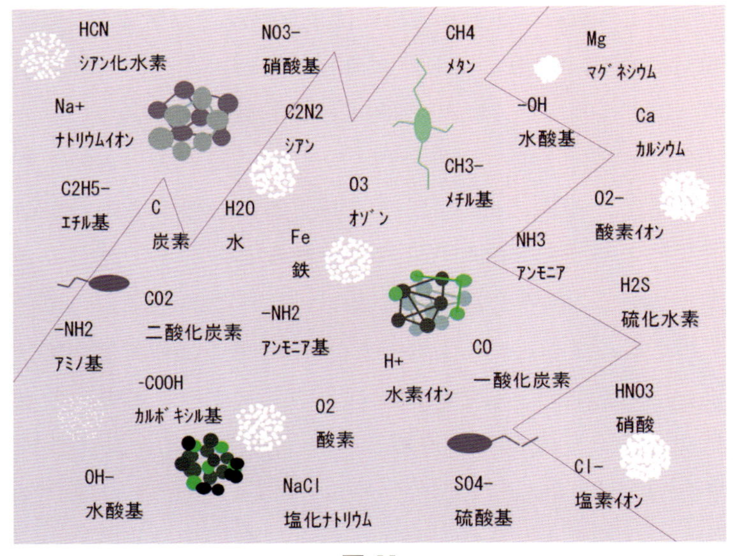

図-11

第二段階　維持

さまざまなタンパク質は、海の中のあらゆるところで生成される。その分子数は数百万以上にもなる。海は酸性の世界で、いろいろな塩基やイオン化した分子であふれている。そこで化学反応がおきて初期の細胞ができる。単細胞生物が誕生し、またたくまに全海域に拡散する。それらは海中の有機物が持つ弱い電気などから生命が維持される。さらに自立するまでは、変わらぬ環境下である程度の時間の経過が必要である。

第三段階　成長と分裂

海で生成された細胞の中に葉緑体を持つものと持たないものが出てくる。さらに成長するもの、そうでないものも生まれる。細菌以外の植物や動物は細胞小器官が重複し分裂させるが、その細胞同士は弱い電気によって引きつけ合い離れることはない。しかし成長しない単細胞生物は、分裂個体がはなればなれになる。そして外部からの刺激（光と温度、菌類は湿度、微小動物は温度、そのほか微弱な電気）によって反応し活動する。そして細胞と生命活動を決める核酸の塩基対に新たな塩基が追加されていく。

第四段階　代謝とエネルギーの貯蔵

細胞は物質を取り込み、活動に必要なエネルギーに変換する。初期の段階では取り入れた物質の一部を変換に利用し他は放出していたが、そのうち放出をやめ持続的にエネルギーをつくることになる。そして最後に放出する。

第五段階　遺伝と卵

「成長するもの」は細胞分裂の途中、外部のなんらかの作用により細胞の一個ないし数個が本体から切り離される。それは「成長するもの」すべてに起こる。地上に進出した菌類においても同様である。切り離された細胞の中にはDNAが存在する。そのプロセスは、あらたに生まれた「成長するもの」のDNAに刻み込まれる。それは細胞分裂の途中で自身の細胞を放出することである。切り離されたばかりの細胞は、他の同じ状態の細胞と結合する。そして互いの遺伝情報を交換する。ここで新種が誕生する。異種の細胞の結合はDNAの塩基数が大きくなって突如止む。同時に「卵」という遺伝情報をつくる。それは、切り離された細胞が「卵」に生まれかわった瞬間である。ここではまだ無精卵で生物に雌雄の区別はない。

一般に進化というと、その種の体の大きさや各種機能が複雑（高度）に推移（発達）していくことを言うが、もし「進化」を定義づけするとしたら、DNAの塩基対の数を基にするのが科学的であろう。

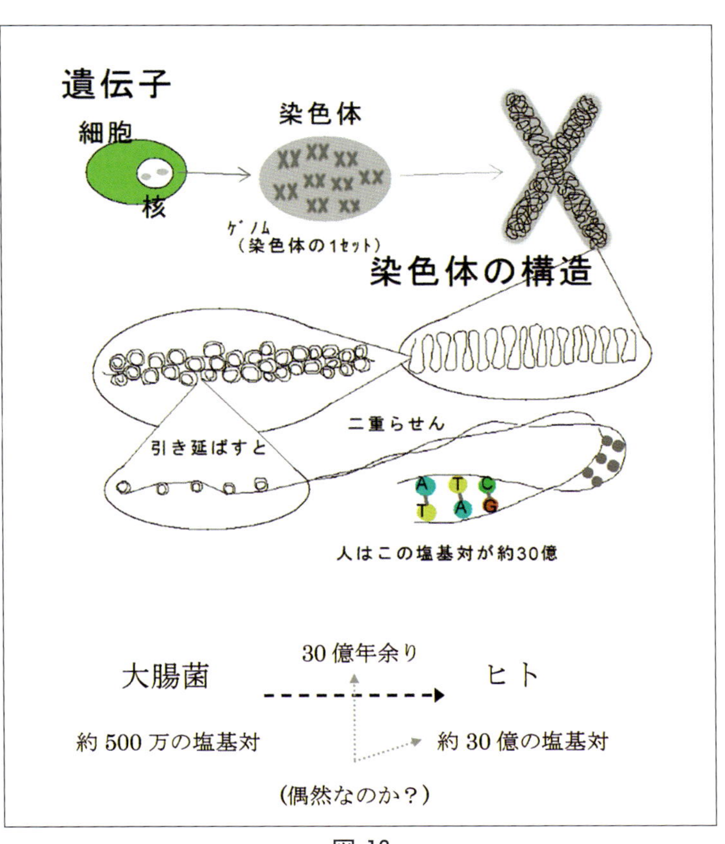
遺伝子
細胞
核
染色体
ゲノム
（染色体の1セット）
染色体の構造
二重らせん
引き延ばすと
A T C
T A G
人はこの塩基対が約30億
大腸菌
30億年余り
ヒト
約500万の塩基対
約30億の塩基対
(偶然なのか？)

図-12

第四章　進　化

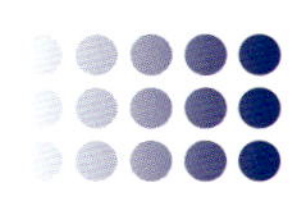

それは完成形へ向けて、その環境下における試行錯誤の過程である。生物の進化は遺伝情報の突然変異と異種交配、そして環境に順応する後天性による。それは先祖からの幾世代にもわたる努力の結果でもある。

大気を覆う水蒸気の中をすり抜けた光が、海面を漂う生物に刺激をあたえる。それによって植物となるものは葉緑素を持つが、持てなかったものは電気刺激で行動する。かれはその後、海中の電解質が少なくなると、自らの意志で行動する。それを光の刺激が助長する。しかしからだはまだ微小である。

微生物の働きで海は透明さを増す。光は屈折し反射しながらも浅い海底へ届く。植物はそこで根を張る。

生きものたちが太陽の光で生き続ける術（すべ）を知る。

先カンブリア紀

● 藻類 ●●

大気と海面の温度は同じ。昼夜の温度差も季節もない。赤道と極が少し違うだけ。高温高湿の地球は温室状態にある。そこで植物は大気の豊富な二酸化炭素 CO_2 と海中に溶ける養分を得て海面を覆う。誕生したてのシアノバクテリアが光合成を行う。光合成を終えた植物は海底へ沈降する。

液体の惑星が変化しつつある。海底は海洋を押し分け新たな大地をつくる。大地は大きく波打ちふたたび沈む。そこは浅瀬となり、その海岸線も低い大地も湿地帯となる。藻類に快適な環境が整う。かれらは胞子を飛ばし全陸地に進出する。海も陸も緑藻が密集し、地球はまるで巨大なマリモだ。

図-13

100年、１万年、１億年と時が流れて大気の CO_2 が減っていく。そして酸素 O_2 が増える。海底に蓄積されたバクテリアと藻の死骸は、その高さ数メートルにも達する。それが地球全体を覆う。やがてそれはあらたな堆積物に押され、密閉された高圧下で化学変化を起こし、長い時間をかけメタンCH_4と黒い液体（石油）になる。
（もし地下の化石燃料が燃え尽きたら、その時代の大気の二酸化炭素の量となるだろう）

数億年がすぎて原生植物の全体量が少なくなってくるころには、大気中の二酸化炭素は当初の２分の１になる。そして海水と地表は徐々に冷やされていく。大気圧は2000ヘクトパスカルまで下がって湿度も80％まで下がる。海水面は10メートル近く上昇する。

静かな湾は海流の影響がないため、つまり環境変化が小さいため生物は成長しやすい。つぎつぎに新種が誕生する。そして「生命活動」へと展開する。

さして変化のない時間が永く続く。その時にわかに大地が動き始める。突然白い噴煙が上がり、赤い蒸気のあとからガスの炎が地の底から天へ立ち上がる。引っ張られた真っ赤な溶岩が地上で爆発する。これを何度も何度も繰り返す。海洋では巨大な水柱がいたるところでわき上がり海面は状態を成さない。

こういう地球の活動が繰り返されると、地球は緑から灰色の世界にかわる。地球はふたたび高温の大気につつまれる。高温多湿は雨を降らせる。これによって汚れた空気は一掃される。また雨は川をつくり大地を削る。水に溶けた物質は海に到達し、そこで有機物は生物の糧に、必要とされない無機物質はそのまま堆積されて後にミネラルとして活用される。陸上の緑藻類は地球の地殻変動によってその多くが海中に沈む。一部の藻類は、わずかな水を求め、あらたな岩石の大地に進出する。

カンブリア紀　5億4200万年前

海の世界

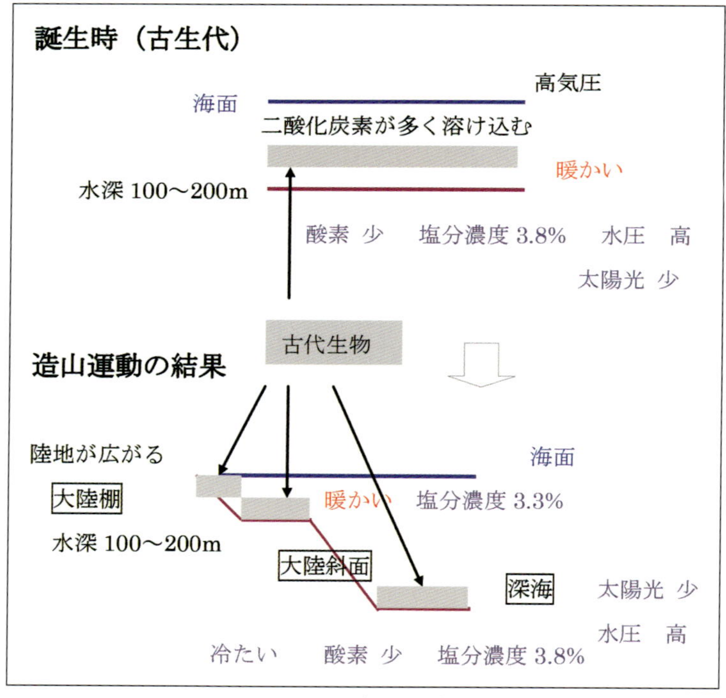

図-14　海の環境

古代の海は炭酸飲料のようである。

動物の誕生

一個の生命体（単細胞）として確立されたものは、海中の化学物質の影響で受動的に「生きる」活動が始まる。葉緑体という化学工場を身につけたものは植物となり、細菌や原生生物・原核生物それ以外は動物として生きることになる。

初期の動物の活動は、植物から葉緑体を盗み取ることから始まる。ここで能動的に生きる活動（自立）となる。しかしかれらには自由に動くだけのエネルギーがまだない。葉緑体をもつ植物の助けが必要である（**サンゴ**）。海面近くは副産物の酸素 O_2 が多く溶け込む。今度はその豊富な酸素を活動の源とする動物が出てくる。

最初の動物は葉緑体をねらって微小植物（植物プランクトン）を摂取していたが、やがてタンパク質を分解する酵素を得た動物がその動物（動物プランクトン）を食べるようになる。それを活動と成長の栄養源として動物は大きくなる。ある程度大きくなった動物は、高タンパク質を分解する微生物を体内に取り込み、かれの助けをかりて食物をエネルギーに変える。

海水は酸性でいろいろな物質が溶けていたが数億年が過ぎ、微生物の活躍によって海は透明さを増す。海底は微生物の死骸が厚く堆積している。海面ではプランクトンがゆれる。おだやかな湾内はパートナーをしらないさまざまな卵子や精子で白くにごる。そこで生まれる生物は、お互いにくっついて遺伝子を共有する。

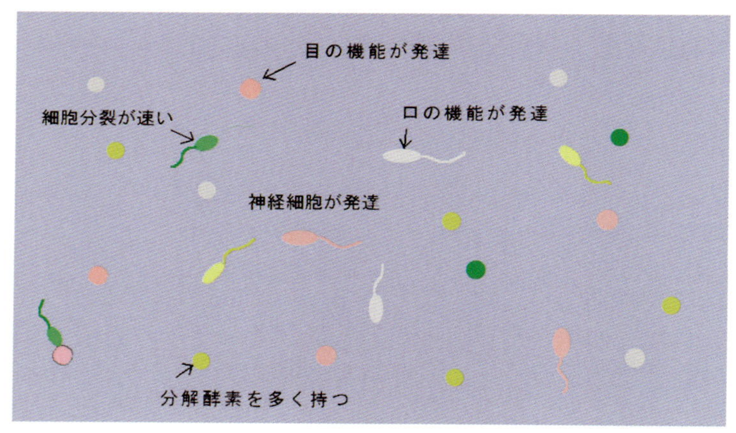

図-15

成長した生き物たちを海流が大海原へ運ぶ。その途中で緑藻をかかえてそれがつくるエネルギーで生きるものや、海中の有機物にて生命を維持するものが現れる。

それから数億年が過ぎる。地球の造山運動はまだ活発で、海底では海山や海溝ができる。また多くの場所で熱水が噴出する。熱水はナトリウム・カルシウム・鉄などさまざまな物質を海中におくる。ながい時間のあいだにタンパク質もいろいろなものをつくる。動物たちの消化器官に酵素を、節足動物にはコラーゲンを与える。

海中の動物たちは至るところで衝突し合う。からだの大きいものは小さいものを呑み込んで、さらに大きいものに呑み込まれる（弱肉強食の始まり）。

● 組織の発達 ●●

動物は生命維持のため外部からエネルギー源や栄養源を摂らなければならない。今度は摂ったものをそのものに変換する。そして使用済みとなったら外部へ排出する。この一連の作業をおこなえることが動物には必要である。

皮膚（膜）　防御のためカラダ全体に薄い膜を張り、神経を張り巡らせる→粘液を出し、膜を保護する。

口　カラダ全体で対象物をつつみ込んで体内に入れる→カラダの一部分に固定した入り口（口）をつくる→その中に毒を識別する舌をつくる。

目　対象物が放つ光をカラダ全体の神経がとらえる→カラダ全体に小さい目という器官ができる→自由に動けるようになると、それを一箇所にまとめ「複眼」にする→新しい「目」ができる。

複眼ができる前に、口に命令を出す**脳**ができる。各器官はそれぞれが影響しあいながら発達する。動物のからだは成長するにつれ新しい臓器や神経をつくる。さらに組織化され、反射のみであった動物の活動は脳の命令によって合理的になる。

● 突然変異（♂と♀）●●

地球のガスが化学反応で水や水蒸気に変わったとき、酸素ガスはほとんど残らない。オゾンO_3も発生しない。太陽光線は常に地球半分に降りそそぐ。そして放射線はすべてのものに照射する。

あるときほとんどの生物の生殖遺伝子に突然変異が起きる。「変異した卵」は自力で泳ぐことはできるが、子孫をのこすことはできない。その精子は卵子をめがけ攻撃を開始する。卵子は最初の攻撃を受けたあと、すぐに防御態勢にはいる。最初に攻撃した精子の遺伝子は、卵子の遺伝子に組み込まれる。そしてあらたな生命が誕生する。

さまざまな生物の合体が水中でおこなわれるが、遺伝情報の少ない初期のころはいろいろな遺伝子と結合しやすい。

地球の表側と裏側で生まれる生命は、海流により一緒になったり離れたりする。そしてより複雑に進化する。

生命の誕生は小宇宙である。

卵子は地球で精子は彗星。卵子に精子が衝突し細胞分裂を起こす。それは衝突で地殻が割れることである。

● 骨格形成 ●●

海（H_2O）は、そこに溶ける二酸化炭素（CO_2）によって炭酸水（H_2CO_3）となっている。そして多くの炭酸カルシウム（$CaCO_3$）も溶け込んでいる。外骨格も内骨格（脊椎）も骨の形成には十分な二酸化炭素が必要である。もちろんカルシウムも。

最初軟体動物が貝殻をつくる。しばらくして節足動物が甲殻を持ちエビ・**カニ・ヤドカリ**が出てくる。

かれらの祖先は浮遊生活をしているあいだに、運動しない部位が石灰質（炭酸カルシウム）となり、硬くなる。そして身体全体に広がる。幸いコラーゲンのおかげで、ところどころ節にして動かすことができる。硬い外骨格は成長に支障があるので脱皮する。その抜け殻はそのまま放置されるが、ヤドカリは脱皮するのをやめて仲間の抜け殻を住居にする。

カニは、エビが腹部を丸めて尾びれを胸部にくっつけ頭・胸・腹をひとつにまとめたようだ。それを先に登場した軟体動物の**タコ**や**イカ**が捕食する。カニの一部は陸上に逃げ、エビは仲間を増やす。

４億年以上前から生きている**カブトガニ**は地球の温帯地域に広く分布する。古代と現在の海岸ではまったく違うはずなのに不思議である。このものに限らず海の生き物は昔も今も月の影響で産卵するものが多い。この時代の海は深くなくても太陽の光は届きにくい。１年の温度差もない。したがって月の周期と引力でその時を知るしかない。そのように教わったものたちが今でも実行している。

造山活動が弱まると赤道と高緯度の海面に温度差がでてくる。赤道は相変わらず高温である。中緯度付近の水深の浅い海域はさまざまなところから流れてきた生物のたまり場になっている。透明な水のかたまりが緑藻やプランクトンをくわえて水中を漂い、長い海草は海岸までのびる。それに**巻き貝**などの軟体動物が張り付き、節足動物の**エビ**が流されまいとしがみつく。根元には**ヒトデ**が這（は）う。

巻き貝の祖先は胴長の軟体動物で、回転しながら海底に下り、そこでとぐろを巻いて動かない。それを捕食する動物もまだ現れない。海水に溶ける養分で生きていたもののうち、高濃度の炭酸カルシウムでやがて外側だけ固くなったものが貝となる。動いたものは節足動物になる。

海の脊椎動物

オルドビス紀　４億8830万年前

魚類の誕生

永く海底で生物の弱肉強食が展開されているあいだに脊椎を持つ動物が現れる。脊椎動物は、石灰質の骨細胞で骨を形成する。また骨の内部に造血組織（骨髄）をつくる。そして胸部と腹部をひとつにまとめる。

新しい生命が誕生しやすい淀み（湾）で「魚」が生まれる。頭部が石灰質となっている動物が一部骨格化する。幸い口は動く。その周りはゼラチン質となって他の石灰質部分は骨細胞になる。骨細胞の成長は速く、しばらくすると頭のうしろから骨が飛び出す。するとまるで植物が成長するように幹となる背骨が伸び、枝の小骨も程なくして伸びる。初期のものは**クラゲ**のような体で、ブヨブヨを支えるために骨があるだけでとても泳げるつくりにはなっていない。外見はまだヒレのない稚魚のようである。

脊椎動物が海の中で最初に誕生したときは、泳ぐことを前提にしたからだのつくりにはなっていない。したがってどれもまだ泳ぎがうまくない。あるものは海底に沈んで、あるものは海面に浮いたまま一生をおくる。そして**タツノオトシゴ**

は立ったまま水中を漂う。じっとしていても始まらない。かれらの最初の行動は背骨を動かすことである。それで少しは前へ進む。

中生代以降

サメは恐竜が地上で全盛を誇っていた時代からいる。サメが生存競争の激しい中生代を生き残れたのは、子孫を卵ではなく稚魚にして産みおとしたことにある。これはカラダさえ大きくなれば外敵におそわれることはなく安心して子孫を残せる、ということなのか。しかし同時に、進化が遅れることでもある。今でもサメは骨が軟骨、表皮とエラは未発達、泳ぎがぎこちなく目が死んでいる。そして餌とモノの分別がつかない。しかし現在の魚のようなかたちをしている。

魚類のある種が両生類へ進化して、陸に上がった動物（爬虫類）たちの祖先は**サンショウウオ**の仲間である。さらに進化したある仲間は効率の悪いエラ呼吸をやめ、肺呼吸に切り替える。ここで海の爬虫類が生まれる。かれは海中より豊富な大気の酸素を求めて上昇・下降のしやすい水平尾びれを得る。脚となるところには腹びれをつけて背びれはサメをまねる。大気の酸素濃度が高くなると、それを吸収しやすい体の動物がほ乳類になる。その動物は今でも口は爬虫類時代のままである。

● 大航海時代 ●●

イルカがターボエンジンで水面を駆け抜ける。今までの魚にはない行動パターンだ。魚たちは驚いて道をゆずるが逃げ遅れたものは食べられる。クジラは大海原をわが庭のように南から北へ飛び回る。弱い魚たちは群れになって回遊する。かれらにリーダーはいない。価値観と目的を一つにする集団なのである。そして潮はかれらの水先案内人でもある。魚たちはその後多種多様に、合理的かつ美しい姿に変化する。そして卵を多く産卵して個体数を増やすことにより種の生き残りを図る。

新生代に入ると気圧が低くなり、風の力で海面は波打つ。空気が波にのまれ、酸素が海中に溶ける。

古代生物があまり進化せず今でも生き続けられるのは、古代の環境が現代の海とあまり違わないからである。地上の劇的な変化と比べると海の世界はほとんど変わらない。海水の量も、塩分の量も、水温も、そして海水に溶けていた炭酸カルシウムが結晶化（動物の骨格）して少なくなったこと以外は。今の環境が多少違っても、それは古代生物が対応できるくらい、とても緩やかな変化である。

湖・川・沼

湖は海が誕生するときにはすでに存在していたが、地殻変動によってやがて消える。そのあと大陸の隆起と沈降によって塩水湖ができる。塩水湖ができるころにはそこに棲む生物も進化して、プランクトンと動物の大きさの違いがはっきりする。

溶岩台地のくぼみには、火山から噴き出した水蒸気と雨によって淡水湖がいくつもできる。ときには火山が爆発してその地が淡水湖になる場合もある（カルデラ湖）。

淡水湖は、しばらくは何もない世界である。ただ雨が降れば周りの有機物やミネラルが流れ込む。今の状況では生物は生まれない。しかし川が陸上の微生物を運んでくる。湖底は淡水の藻類と微生物の死骸が堆積する。満水状態の湖はそれを囲む山の一部が決壊して水が流れ出す。そして藻類と微生物の死骸が残る。それをあらたな微生物が分解する。盆地とよばれるその広い平地にはさまざまな生き物たちが集まってきて、熾烈な競争が繰り広げられる。

高い山々がまだない時代、川は存在するが水はほとんど流れない。したがってそこは沼地となる。地上に多数点在する沼地は微生物と昆虫の生息地である。温かく流れのない水の環境が一大繁殖地に変える。

のちに川は海から逃れてきた小動物とそれを追ってきたものが死闘を繰り広げる戦場となる。

地上の世界

地球の環境

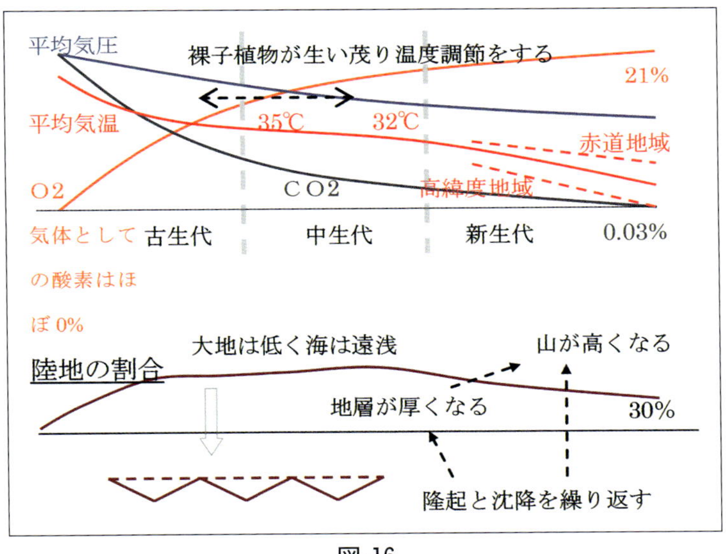

図-16

地球は誕生以来、大気があって地球が自転している限り、常に貿易風と偏西風は吹いている。

大気の熱が放出され水蒸気が減少＋植物の光合成で CO_2 減少（温室効果減少）→気温と気圧が下がる

造山運動で大陸が広がる→放射冷却→気温が下がる

海が広がり地球の平均気温は海水温度に影響される。

植物

5 億年前

● 植物の上陸 ● ●

藻類は波によって海岸に集まる。微細な浮遊物につかまり漂いながら成長したり、岩場にしがみついて海苔（のり）になったりする。海岸の湿地帯では藻類から変化した苔（こけ）が胞子を飛ばして内陸へ進出する。ここで胞子はウィルスと戦い、より強い胞子をつくる。それは卵や種（たね）の元祖として以後の陸上生物に影響を与える。

水分があり固定されたところであれば大地のすみずみまで進出していた苔であるが、時の環境に適応して進化した草（シダ類）があらたに隆起した大地で繁殖する。今まで苔が支配していた大地では新種の草が菌糸をのばす。こんどは苔がその下でひっそりと生きる。草はその胞子を風に乗せ遠くまで運んでもらう（生存競争の始まり）。

大地では光合成が活発におこなわれ、大気の成分比率は二酸化炭素15％、酸素10％となる。地表の平均気温は38℃、湿度80％、気圧1500ヘクトパスカル。このあと数億年で二酸化炭素は10％まで減り、酸素は16％に増える。

● 進化 ●●

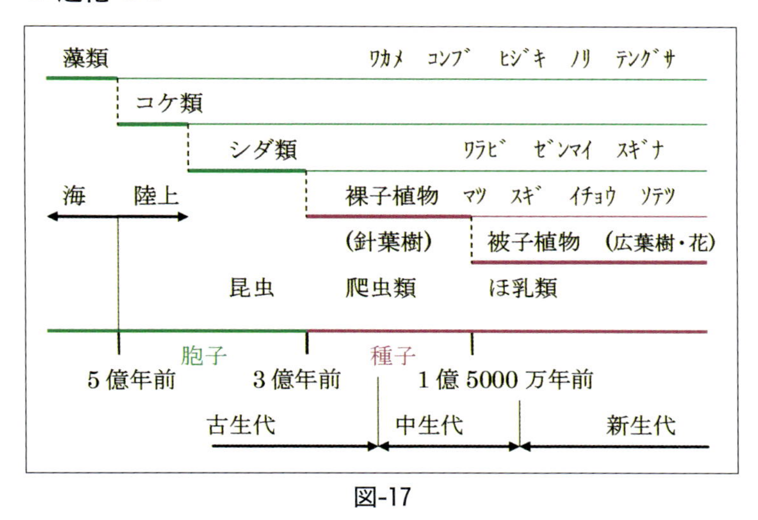

図-17

● 戦略 ●●

苔やシダ、動物の死骸がバクテリアによって分解された土の上に、今まで以上に大きい植物が育つ。茎が太く大きく成長してしっかりした幹になる。幹は細い腕を出し初期の葉

（針状）をつける。裸子植物が誕生する。その樹木は規則正しい育ちかたをする。裸子植物は子である胞子（細胞）を進化させて種をつくる（種子）。

空気は乾燥しつつある。子（種）は適度な湿度で育てなければならない。長期の乾燥をいやがる一部の裸子植物が子を保護するしくみに変化する（被子）。さらに寒冷や乾燥に強い種にする。これにより確実に子孫を残せる。

これはちょうど動物の卵生から胎生へ進化するのと似ている。ほ乳類が出てくる時期と重なるのではないか。そして花をこしらえ、嗅覚が敏感な昆虫を誕生させて自分たちの繁殖に利用する。鳥が出てきたら鳥を利用する。受粉は昆虫が行い、種子は鳥に運んでもらう。そのために蜜と果実をつくる。しかし鳥にさせるその行為は二次的なものであって、本来果実は種が成長する栄養源なのである。花も子孫を残す手段にすぎない。かれらの真の目的は植物の証である葉を多く付けることにある。

自然は被子植物誕生前までの世界を目指していたのではないか。いま地球の大気は二酸化炭素が充分減って、植物が活躍する昔の環境ではない。だから裸子植物の一部は被子植物として生まれ変わり独自の戦略で生き残りを図る。その結果、かれらに規則性はなく、見境無く広葉をつける。種は親とは違う性質の子を混じり込ませ、実は生理落下で弱い子を振り落とす。そして自然から受ける恩恵（光や二酸化炭素）は少しだけ還元（酸素）し、多くをわが身に蓄える（果実など）。さらに養分を地下から吸い取って夜には二酸化炭素を吐き出す。まるで動物みたいだ。

植物はその姿を変えながらも、絶えることなく、自然と共に過ごしている。かれらは本体を失っても枯れても生き続け、しばらくすると再生する。最強の生き物である。

植物と昆虫の関係は、昆虫が誕生してからずっと続いている。昆虫は草木を食べるが、植物は嫌ではないようだ。嫌なら毒を出す。昆虫以上に微生物との関係は深い。かれらは植物の再生に一役買っている。あとで爬虫類・ほ乳類が参入する。哺乳動物との付き合いは最も短く、お互いをよく知らない。そのためその輩（やから）は排泄物ですぐ植物を枯らしてしまう。仲介者（微生物）をいれないからだ。

地上はいつの時代も植物が中心である。そしてサバンナやジャングルは動物たちの殺戮（さつりく）の世界である。それを植物はじっと見ている。

自然界に新参者が現れる。植物にとってその者は自然の一部であり、自分たちが生きるため子孫を残すために、同じようにかれらを利用する。人間が行う園芸は、植物からすれば自分の仲間を育ててくれているのである。本来生き残れないであろう雌雄異株(しゆういしゅ)の木もそうである。そして植物はいつも自分たちの居場所を虎視眈々(こしたんたん)と狙っている。

微生物

シルル紀　４億4370万年前

● 菌類（細菌・キノコ・カビ・酵母）●●

コケの胞子が突然変異して葉緑素のない菌類が生まれる。

古生代の環境は、湿度は高いが太陽をさえぎるものがない。中生代は、日陰はできるが大地は植物たちの世界である。新生代になると、地球は乾燥し高湿度地域は限られる。

どの時代も菌類にとって生活しにくい。したがって爆発的な繁殖とはならず菌類が謳歌(おうか)する時代は現れない。それでも他生物に寄り添ってまで懸命に生きようとする。

ここでは全部まとめて菌類としたが、厳密にはキノコとカビが菌。酵母と藻類が原生生物。細菌が原核生物である。分類学上、動物・植物・菌・原生生物・原核生物はまったく別の生き物である。尚、微生物とは一般に原生生物と原核生物の総称である。

● 動物たちの対策 ●●

からだの小さい微生物※1は動物のあらゆる器官から体内に侵入する。かれらの目的はただ一つ。暖かい動物の体内で増殖することにある。そこは微生物たちにとって過ごしやすい環境である。

動物たちはそれを阻止するため、あらゆる手段を講じる。海の動物はまず皮膚に粘液を出す。次に鱗（うろこ）で保護する。最後は、速く泳ぐことでかれらを寄せつけない。

陸の動物も皮膚に粘液を張る。そして鱗をつけて、さらに皮を厚くする。次に新陳代謝を活発にして表皮を脱ぎ捨てる。このようにして侵入を防ぐ。これらは後の乾燥対策にも応用できる。

● 動物との共生 ●●

微生物は地球のいたるところに無数存在する。動物の口から侵入したものが居座り増殖する。いわゆる寄生だ。しばらく動物の体内では微生物との戦いが起こる。戦いに敗れた動物はかれらを受け入れて生命活動に利用する。かれらは動物が食べたものや、植物がつくった養分で生きる。そして植物を分解する微生物は肉食動物を草食動物につくり変える。

※1　一般に原生生物（p 48参照）と原核生物の総称である。

動植物にとってその微生物が有害・無害かはわからない。ときには必要としないものまで入って本体を滅ぼすことがある。しかし動植物が生き続けられるのは、微生物たちのおかげでもある。われわれはかれらに操(あやつ)られているのである。命の主導権はかれらにある。

3 億6000万年前

● 動物の上陸（昆虫）●●

海岸の淀みでは、いろいろな卵子と精子が受精し、ふ化・成長を繰り返す。時間がたつとその種類はものすごく多くなる。一番多いのが節足動物である。新しく昆虫となる動物は、頭、胸、腹の独立した部位をくっつけたような身体を持つ。顔（頭）のつくりは単純で、複眼と口しかない。まるでエイリアンだ。

初期のかれらは水面に漂う。そして一部が干潮で岸に取り残される。そこではいくつもの試練が待ちうける。まず重力に打ち勝つため胸部を発達させ筋力をつける。そして太陽の紫外線と細菌からは外骨格で保護する。しかし水中の節足動物同様脱皮する必要がある。

次に食糧の確保である。**バッタ**は豊富な草を餌として消化器をそれに適した構造とする。草は腹部を大きく重たくするので遠くには飛べない。そのかわり脚力をつける。その他の多くの昆虫は小さい虫を餌とするので身体は小さく軽い。

陸に上がって昆虫となった虫は、細菌と乾燥から守るために雌の体内で受精させる。この行動は昆虫がまだ水中にいるときに行われる。同時に生殖機能も変化する。そして受精した卵は乾燥しない場所に産み落とされる。このあらたな挑戦の成功はのちに上陸する脊椎動物に影響をあたえる。

昆虫より前に軟体動物が上陸するが、日陰の湿地帯で生活するため進化から取り残される。節足動物が水中で種類を増やせなかったのに対し、地上に進出した仲間はどんどん種類を増やす。かれらの移動手段である脚は水中よりはるかに動きやすい。と同時に身が軽く風に飛ばされやすい。昆虫はその風をうまく利用した成功者である。しかしやがてかれらは後に出てくる動物たちによって食物連鎖の最下層に追いやられる。

蝶や**セミ**の幼虫がさなぎから成虫になる変態は進化の過程に共通する。卵からかえった幼虫は多足虫類のころ。そしてもう一度、さなぎという「卵」に戻り、まったく別の生き物に生まれ変わる。その時期、地球にどんな大きな環境変化があったのだろう。昆虫は進化の過程をそのタイムカプセル（卵）に封印する。

かれらは一生を陸上でおくるが、原始に近い**トンボ**は、幼虫（ヤゴ）時代を水中で過ごす。先に上陸した**クモ**や多足虫類の**ムカデ**を後続のヤゴが追いかけ、姿を変えて空から狙う。しかしクモは地上で最初の罠を仕掛ける。しばらくしてバッタが現れ豊富な草を独り占めする。時を待たず草の大地はバッタで覆い尽くされる。

● 動物の種類と数 ●●

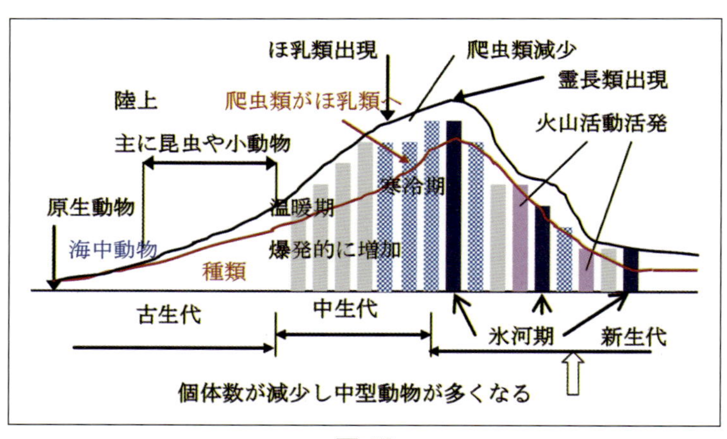

図-18

▪古生代 前期

目が発達していない棘皮(きょくひ)動物（ヒトデ・**ウニ・ナマコ**）、原索(げんさく)動物（**ホヤ**）、原生生物（**ゾウリムシ・アメーバ**）、海綿動物（**カイメン**）、刺胞(しほう)動物（クラゲ・**サンゴ・イソギンチャク**）が暗躍する。

▪ 古生代 中期

海中では軟体動物・節足動物（甲殻類）・脊椎動物（魚類）、そして多数のプランクトンが生息する。陸上では軟体動物と昆虫（節足動物）、そして水辺で両生類が活動する。

後期に爬虫類と裸子植物が現れる。

▪ 中生代 前期

活発な造山運動で陸地が広がり温暖な気候が続く。それにより植物と動物の生息域が広がる。植物は盛んに光合成を行う。植物も動物もだんだん大型化する。

▪ 中生代 中期

造山運動は山脈や高い台地をつくる。陸地はさらに広がり海は深さを増す。植物の活発な活動によって温室効果ガス（二酸化炭素 CO_2）が減る。しだいに地球の気候が変わってくる。陸地の広がりにより昼夜暖かかった地域も夜には放射冷却で冷たくなる。これによって緯度による温度差が大きくなる。高気圧・低気圧が発生し、湿度は高いままで重たい雨と風が吹き荒れる。

裸子植物の中に被子植物が現れる。やがて陸地全域に拡散する。

■ **中生代** 後期

乾燥した地域ができる。地球が寒冷化に向かう。脊椎動物に胎生動物が出現する。大気の水蒸気が減って空気が澄んでくると、動物の鼻と耳が発達する。さらに寒冷となって中緯度の爬虫類が次々に姿を変える。胎生動物に体毛が、鳥類に羽毛が生える。残された爬虫類は数を減らす。太陽にあたらなければ体温も上がらず活動がにぶる。

高緯度の被子植物が姿を消す。生き残った被子植物は寒冷・乾燥に強い種子をつくる。

■ **新生代** 初期

霊長類が出現する。

寒冷期に生き残った動物たちは、自分に似たようなもの同士が結合し大きな集合体になる（両生類・爬虫類・鳥類・ほ乳類）。いくつかは氷河期に消滅する。集合体内では、生命力の強い動物はより強い動物と結合する。そして優れた機能がそなわった動物は自分たちの種(しゅ)を守ろうとする。そうやって界－門－綱(類)－目－科－属(族)－種が確立する。

温帯地域に生物が集まって生存競争がはげしくなる。ほ乳類の体毛が長くなる。一部の草食動物が寒冷地へ進む。

氷河期に高い山々が削られ平地や海へ運ばれる。山は急峻な形になって露出する。

▪ 新生代 前期

動物たちは種類を減らし小型化・中型化とはっきり分かれる。各動物には身を守る機能が発達する。

火山活動が活発になり、あちこちから噴煙が上がる。それが温室効果をもたらす。緯度の高い地域の氷が解け出す。海水面は少し上がるが、海水温度は変わらない。

図-19

暖かくなると今までひっそりとかくれ棲んでいたほ乳類が地上の全域に躍り出る。空気が浄化され、地球は再び寒冷化へ向かう。いく度かの氷河期がきて、いく種類かの陸上ほ乳類が海に逃げ込む。それは死を覚悟しての挑戦である。

▪ 新生代 中期〜

大陸は雪と氷につつまれる。両極の高気圧冷気が赤道の暖かさを閉じ込める。太陽光は絶え間なく降り注ぎ、赤道は高温状態になる。やがてはじけるようにその熱が高緯度へ拡散される。大陸の雪と氷が解ける。雪解け水は多くの湖をつくる。氷によって破壊された岩石は、熱風と太陽光によってさらに細かく砕かれる。そして砂漠化する。

火山活動によって新天地ができると、まず胞子植物そして種子植物が侵攻する。そのあと昆虫 ― 小型動物 ― 中型肉食動物と中型草食動物、そして大型草食動物が続く。

両生類

デボン紀　４億1600万年前

地上では大地がまだ低く、海では浅瀬が遠くまで続いていた時代、脊椎動物となった魚たちがプランクトンを求め、また大型の捕食動物から逃れるためその浅瀬に集まってくる。浅瀬は干潮で地上になる。しかししばらくするとまた海に戻る。魚の一部がこの変化に適応しはじめる。

かれらが両生類となるころには、海は深くなり浅瀬は狭くなる。そして生息の場を水深の浅い河口、さらに上流へと広げる。

カエルの幼生のオタマジャクシは魚に似ているが、成長するにつれ足がはえて陸に上がる。つまり両生類は魚の仲間から変化したあとに将来の爬虫類やほ乳類・鳥類に変化する。オタマジャクシは、陸に上がる前に四つ足が付くが、現在の爬虫類とほ乳類はこの時から進化する。鳥類と恐竜の祖先は後ろ二足のときに陸に上がる。

この種の両生類は二足と四足に枝分かれする。四足動物のある種がのちに**イモリ**やカエルとなる。二足の両生類は長く続かない。イモリの種は進化を続けるが、カエルの進化はほぼ終わる。イモリ（両生類)→**トカゲ**（爬虫類）の進化の時間は短い。

メキシコサンショウウオは四足あるがヒレを持っていてエラ呼吸である。より魚の特徴を残している。またイモリはサンショウウオに似ている。

誕生した順番からすれば、①魚→②サンショウウオ→③イモリとなる。別系統で①魚→②カエルがある。

爬虫類

石炭紀　３億5920万年前

爬虫類が誕生した当初の卵の殻はやわらかく温度と水分が必要である。したがって水辺を離れるわけにはいかない。また、からだも小さく活動的ではないため遠くに行けない。しかし、両生類が活躍した時代は共食いがあたりまえである。からだの小さいものは、より大きいものに食べられる。小さいものは危険を冒（おか）して内陸へ進出する。かれらはしばらくして乾燥に耐えられる身体と硬い卵殻を得る。

四つ足両生類から進化した動物は二足と四足と多足を持つ。恐竜と異なる進化をした二足爬虫類は弱肉強食の世界では生き残れない。多足爬虫類も逃げ遅れて多くが途絶える。

度重なる地球の大きな環境変化に適応しきれない、または大型肉食獣から逃げきれなかった動物たちが姿を消すなか、ワニは誕生以来、進化する余地がないほど完成された姿のまま生き続ける。最も生存競争の激しい中をくぐり抜けた勇者でもある。かれは川を支配地域とし、肉食恐竜は海岸を、草食恐竜は森を支配する。

鳥類

二畳紀（ペルム紀）　2億9900万年前

爬虫類やほ乳類は脊椎動物の誕生から長い時間をかけ進化したため、骨格や内臓その他の臓器や機能が発達している。一方、「鳥」はかれらより準備期間が短いまま上陸を試みたので、すべてが未熟である。つまり消化器官や脂肪をつける機能が未発達のまま成長する。したがって体重は軽くなる。

この時点で「鳥」は最も弱く捕食されやすい動物である。ちょうど卵からかえったばかりのヒナの状態なのである。脚は身体のバランスを保ちながら、風に飛ばされないための握力をつける。そのうち前足となるべきところから細い骨と皮だけの「腕」が出てくる。腕はだんだん伸びて風に抵抗できなくなる。そこであえて風に乗るため、骨の組織まで変えて体重を軽くする。(人間も骨粗鬆症(こつそしょうしょう)になったら最期は「天使の羽」がはえるのかな)

ふ化したばかりの羽毛のないヒナから独り立ちするまでの数週間は、最も危険な期間である。はやく成長しなければならない。この期間は進化の過程から言えばおそらく数百万年を要したであろう。そうしてやっと鳥とよべる動物になる。

鳥は誕生した当初は冷血である。からだはウロコで覆われている。腕は膜が張り翼になっていたので、しばらくはこの状態でも支障はなかった。しかし気候が変わり寒冷期になってくると、空を居場所にしている鳥にとっては過酷である。

そんななか環境に適応し温血になった鳥がでてくる。かれは体温を逃がさないよう皮膚のウロコは毛に変える。しかし内臓に脂肪が少ないので子を体内で育てられない。産卵は今までどおりである。そして他の冷血のままの鳥（翼竜）は死に絶える。

ほ乳類

大気に占める酸素の量が21％まで上昇し、その濃度が維持されるようになると、大部分の爬虫類の体内では、心臓をはじめとする循環器官や呼吸器官が発達する（一部の未発達の爬虫類は昔の姿のまま生き続ける)。

血液中の複合タンパク質ヘモグロビンが酸素を多く取り込むようになり、新鮮な血液がからだのすみずみまでいきわたる。多くの酸素の取り込みは動物の肉質や油質まで変える。その結果内部から発する熱で鱗(うろこ)がじゃまになる。

次に温血となったからだは外気温に大きく影響されない。このことは生殖機能に変革をもたらす。いままでは冷血であるため卵のふ化では外気温の助けを必要としていた。しかし体温が一定であれば胎内で育てる方がより確実に子孫を残せる。が、胎児が大きくなると母胎が危うくなることでもある。まず準備段階として母の乳に乳腺ができる。胎内では子を育てる機能も構造（胎盤）も同時に発達する。そして卵の殻はなくなる。

温血となって最初に皮膚に変化が現れる。母の乳に乳腺ができる前後には鱗はなくなり体毛がはえる。それで体温を保持し紫外線からも守ることができる。体毛は表皮の厚さと皮下脂肪によって決まる。ここまで進化して完全なほ乳類となる。

稚魚や両生類の子どもは自分で捕食できるまで自分の栄養素を抱え込む。爬虫類はふ化してすぐに狩りを行う。ほ乳類は母親がしばらく母乳を与えなければ生きていけない。生まれたあとも母親の助けが必要になる。そして一度に産める数も少なくなる。こういうことを考えると必ずしも進化した動物とはいえない。

一般に言われるほ乳類は哺乳動物であるが、必ずしも全ほ乳類が（哺乳＋胎生）ではない。

● 進化の過渡期 ●●

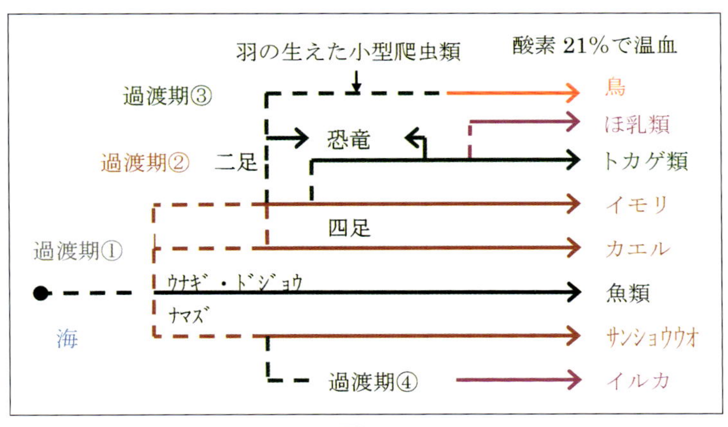

図-20

最初、海の中で魚が誕生するが、その時点ではまだ「魚」として確立されていない。体内に背骨（脊椎）があるだけで、なにかわからないものである（過渡期①）。それは将来、魚にもなれるし両生類にもなれる。また爬虫類・ほ乳類・鳥類にもなれる。いろんなものに変化できる要素をもっている。ちょうど iPS 細胞みたいなもの。最初にその可能性を放棄したのが魚たちである。残ったもののうち（過渡期②）次に確立させたのが両生類である。両生類は二足と四足が共存する。サンショウウオでもカエルでもない二足動物は将来、鳥と肉食恐竜に進化する。過渡期③では地上の動物が爆発的に増え、種類も限りなく増える。過渡期④は両生類（サンショウウオの種類）から爬虫類への移行期間である。したがってまだ長い尾は付いたままである。その種は将来大海原に出て、最後にほ乳類へ変わる。

それぞれの動物もこれに当てはまり、幼少期（動物の誕生）から成長期（過渡期)、そして成熟期（種の確立）つまり成体になる。人間では12〜15歳が子どもから大人への過渡期にあたる。

脊椎動物の一部が、のちのほ乳類や鳥類となったのは血液中のヘモグロビンの量の違いによる。ほ乳類も当初は爬虫類の仲間である。それが酸素濃度上昇や気圧の低下などで、ある動物の身体に変化が現れる。それが他の動物に影響を与え、各自が棲む環境に適応する動物たちになる。

● 動物の成長 ●●

動物はどれも最初は成体になっても小さい生き物であった。彼らは時代とともにだんだん大きくなる。それは他種との結合で進化する、つまり大きくなるのが一般的である。

濁った世界で目も充分に発達していない古生代前期の生物、特に誕生したての魚類は、他種との結合なしで長く自分たちだけの種を守り通すのはむずかしい。

食物で大きくなるものは、そのからだにいち早く分解酵素と肝臓の働きをする臓器を作り得た動物たちである。しかしこれはその一代だけが成長して、子は小さいままである。生まれる子を大きくするには他種との結合しかないのだ。

中生代は「進化は成長」の時代である。

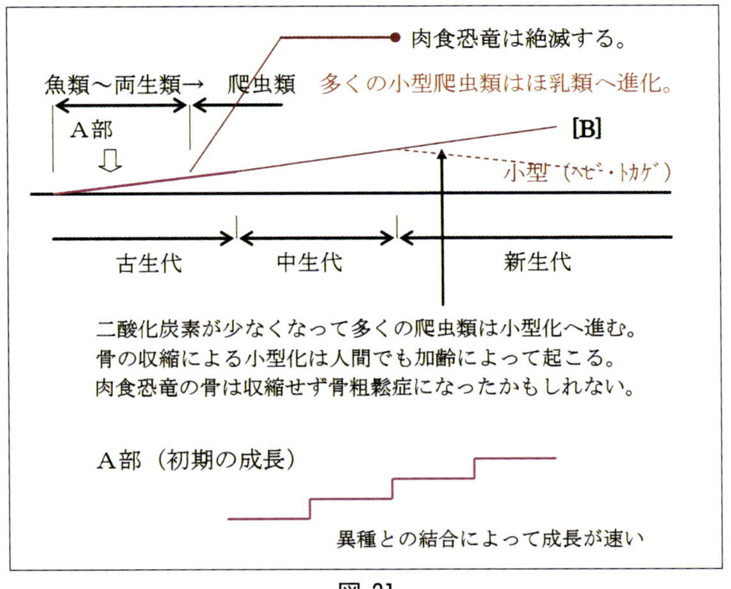

図-21

図-21の［B］について

サメの前に誕生したエイの仲間のマンタは毒針を身につける。巨大化したダイオウイカやミズダコは深海へ逃げる。アナコンダは隠れてあまり動かない。トカゲの仲間のイグアナとコモドオオトカゲは陸地が切り離されて助かる。オオナマズは熱帯のジャングルに身を潜める。イリエワニは相変わらず川を支配する。

現在でも生き続けるかれらの方が正常で、小型化または変化しない動物が異常なのかもしれない。

恐竜は短期間（数千万年）で大型化したので動物界の優等生である。

中生代

三畳紀　２億5100万年前
ジュラ紀　１億9960万年前
白亜紀　１億4550万年前

恐竜の時代

湿度が高く平地は湿地帯が多い。陸地は緑に覆われているが、雨が多いので川も大小たくさんある。大地が削られ浅瀬の海が広がる。気温は常に30℃くらい。酸素（18％）も二酸化炭素も多い。植物の光合成が盛んに行われる。樹木が背丈をのばして上空で太陽を遮断する。おかげで大地は薄暗く、蒸し暑い。うっそうと茂る密林のなかでうごくものは昆虫と、新種の爬虫類たちである。「鳥」は木の枝につかまり息を殺している。爬虫類は成体になっても最初は小型のものが多く、「鳥」と区別がつかない。前脚が短く後ろ脚は長い。この種の爬虫類が最初に登場し、長い年月を経てかれの子孫が大きくなり食物連鎖の頂点で繁栄する。そのあと四つ足爬虫類が出てくる。かれらもまた巨大化する。

● 草食獣の登場 ●●

ほ乳類の草食動物の祖先はここからはじまる。

四つ足爬虫類のある仲間が変化する。従来の食物連鎖は、植物系微生物→動物系微生物→……→肉食となっていたが、胃と腸にあらたな細菌をすまわせ肝臓の機能を高めた動物がこの法則を覆（くつがえ）す。

歯はなく、あっても噛み砕くものではないので肉食獣との戦いは望まない。あるものは鎧（よろい）をまとい、あるものは皮膚を硬く、または厚くして我が身を守る。

かれらの成長はイチョウなどの裸子植物の成長と重なる。

● 二足歩行の動物 ●●

両生類から進化した動物のうち、二足になったのは鳥と将来恐竜になるトカゲだけである。両者とも体を支える足を、物をつかむような機能に発達させる。当初は木の枝で生活する。そこから鳥は大空へ羽ばたくがトカゲのその種は少し大きくなって地上に下りる。そして**カンガルー**のように跳んで移動する。このころはまだ小型である。

有機水銀が海に流れ込む。小動物がそれを餌といっしょにのみ込む。その小動物をもっと大きい爬虫類（ヘビの祖先※2）が食べる。最後は歯の生えた爬虫類（恐竜）でおわる。食物連鎖はここでも行われる。生物濃縮によってかれらは有機水銀中毒をおこす。ヘビは多くの脚が麻痺（まひ）するが、それでもからだをくねらせ懸命に逃げようとする。そして運動できなくなった脚は退化する。それより大きい爬虫類はその弱くなったヘビを食べ続け、前脚の成長が止まる。その機能を補うため頭部が大きくなり脳が発達する。捕食する獲物が大きくなると、腸内細菌と酵素が唾液腺と歯をつくらせる。そして大気の二酸化炭素は骨を成長させ、雑食となってさらに巨大化する。

かれらはエネルギーを消耗させないため、狩り以外は動かない。したがって普段はおとなしい。

※2　多足爬虫類。

肉食（雑食）恐竜が陸に上がり狩りを行う。長く強力な尾で獲物をたたく。相手が怯んだ隙に後ろ脚で押さえつけ首の骨を噛み砕く。地面に赤い血と唾液がしたたり落ちる。

あるところでは仲間が森の中で横倒しになってもがいている。その周りに中型の肉食爬虫類たちが集まってくる。そしてかれの死をじっと待つ。……やがて断末魔の叫びが響き渡る。

二足恐竜は普段水辺で生活する。その後ろ脚は異常に長い。巨大なからだのため長距離の移動は水中で行う。浅瀬では水中歩行だが、水深が深くなると、尾を使って移動する。かれらの食糧は温暖な気候のおかげで尽きない。そんななか、時々起こる大規模な自然災害で生き埋めになってしまうことがある。そして将来化石となって発見される。地上の痕跡は風雨で消され、水中の足跡だけが残される。

このころになると大気の二酸化炭素も少なくなり、気圧は1000ヘクトパスカルまで下がる。造山運動はたびたび活発になる。噴火が起こるたび空は灰になる。灰は太陽をさえぎり地上は薄暗くなる。稲妻が光りあちらこちらで火炎が上がる。樹木は燃え、草は枯れる。昆虫は数を減らし、それを糧とする動物も減少する。食糧が尽きて飢えで死ぬものや病原菌におかされるもの、また洪水や土砂災害にあって、仲間が次々に命を落としていく。

恐竜たちは各地へ移動を開始する。南へ向かうものは高い草木が生い茂るジャングルを分け入り、新たな居場所をさがす。北へ向かうものは、針葉樹林帯を新たな住処とする。

中生代の終わりになると、多くの爬虫類が哺乳類へ進化する。現在の草食ほ乳類の幾種かは草食恐竜の子孫であって、その角は肉食恐竜から身を守る武器の名残である。

一方、進化から取り残された爬虫類は捕食できなくなる。ほ乳類の機敏な動きについていけないのだ。中型爬虫類が数を減らすと肉食恐竜も生きていけない。そして姿を消す。

生き物の世界はいつも新しく出てきたものにその座を奪われる。

● 爬虫類の弱肉強食 ●●

多くの爬虫類はアミノ酸誘導体（成長ホルモン）を制御できず死ぬまで成長し続ける。一部の爬虫類は長い年月を経て巨大な恐竜になる。しかし大きくなりすぎたため命を落とすものも出る。激しく動くと呼吸器官や循環器官が無理をする。そして陸上ではそれによる体温調節もむずかしい。

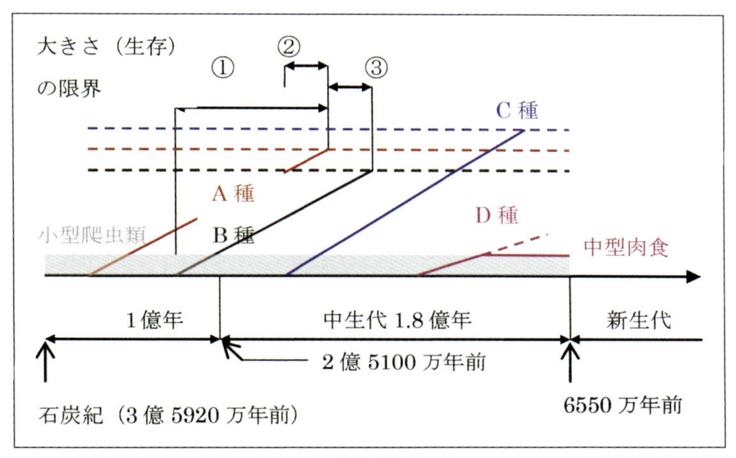

図-22

ある爬虫類が数万年かかって巨大になる。B種の①の期間はA種に捕食される。A種のいない③の期間に生き残ったB種が恐竜になれる。C種の②の期間はB種にもA種にも捕食される。③の期間はB種に捕食される。ここで生き残ったものだけが恐竜となれる。D種はほ乳類に進化する。

恐竜が急激に大きくなったことは、そこに外的要因（環境）が作用したからである。それはおそらく二酸化炭素がまだ多く残ったままで酸素濃度が上昇したからであろう。それには先に植物が光合成を活発に行う必要がある（石炭紀）。

● 巨大化の時間 ●●

（体長10ｍの動物がその大きさになるのに１千万年かかって、そのものが成体になるのが10年だとしたら、10ｍの大きさになるのに100万世代も要する。そのとき１世代の成長は0.01ミリメートル大きくなる。この違いは環境変化に相当する）

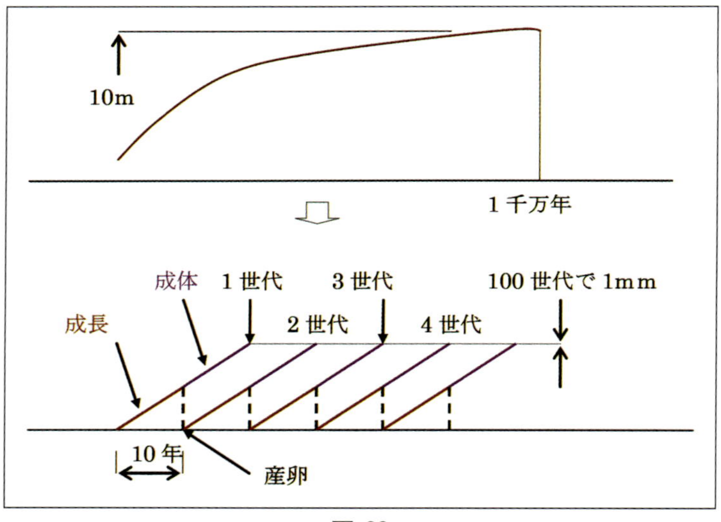

図-23

● 地質時代 ●●

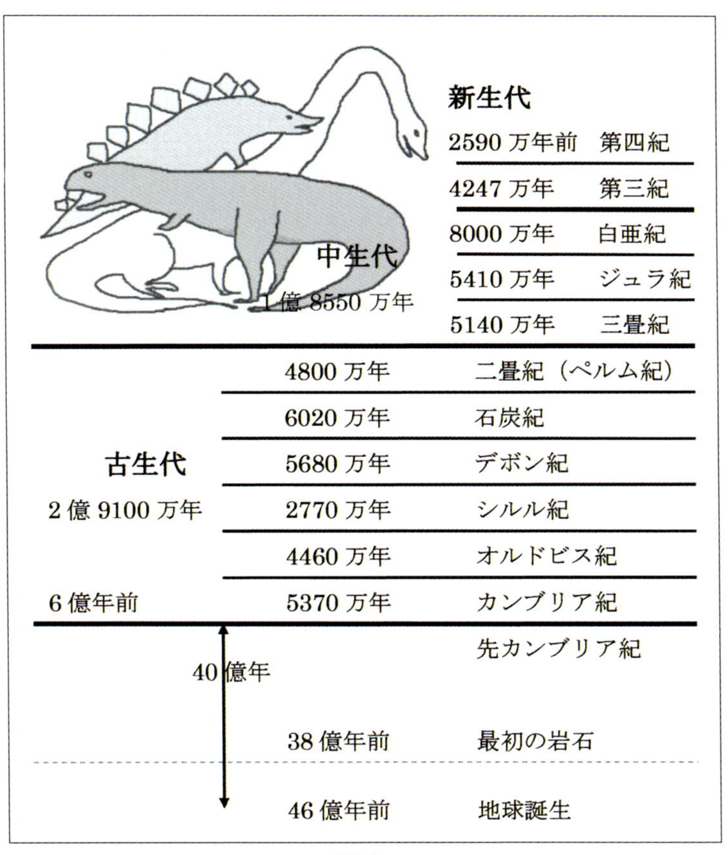
新生代
2590 万年前　第四紀
4247 万年　第三紀
8000 万年　白亜紀
中生代
1 億 8550 万年
5410 万年　ジュラ紀
5140 万年　三畳紀
4800 万年　二畳紀（ペルム紀）
6020 万年　石炭紀
古生代
2 億 9100 万年
5680 万年　デボン紀
2770 万年　シルル紀
4460 万年　オルドビス紀
6 億年前
5370 万年　カンブリア紀
先カンブリア紀
40 億年
38 億年前　最初の岩石
46 億年前　地球誕生

図-24

新生代

6 550万年前

ほ乳類の台頭

爬虫類の個体数が少なくなってくると、ほ乳類が台頭してくる。しかしどれもが胴長短足なので見分けが付かない。

寒冷期が長くなって爬虫類の活動がおとろえると、ほ乳類は種と数を急速に増やす。それは温血のほ乳類が、安全に子どもを産めて相対的に子の数が多くなったということである。ほ乳類として誕生して体毛のないものも、しばらくするとその皮膚に毛が目立つようになる。ほ乳類は体毛によって長い寒冷期をのりきることができる。ここではじめてほ乳類を識別できる。そして空気が乾燥しニオイが広がれば鼻の機能が発達し大きくなる。さらに頭部の目と耳と鼻は脳に近くなる。

いろんな動物が温帯地域に集まってくる。そこで同種間、異種間のし烈な生存競争が繰り広げられる。それは縄張り争いだったり、子孫を残すための争いだったり。あるものは命をおとし、あるものは海へ逃避する。

爬虫類が謳歌した時代はもうそこにはない。生き物が逆転し、爬虫類はほ乳類の陰でひっそりと生きる。

● 完成に近い動物 ●●

爬虫類がなかなか内陸部へ進出できないのにくらべ、ほ乳類は寒冷期の乾燥した大地にもどんどん進出する。かれらは活発である。地球がにわかに賑やかになる。小型肉食ほ乳類が虫を追い回す。草食ほ乳類は栄養豊富な草でからだを大きくする。北の方で暮らしていた中型肉食獣が寒冷期になると草食獣を追って南へ降りてくる。

このころになると肉食獣も草食獣も完成に近いからだになっている。一番の特徴は長い脚を持っていること。そこに筋肉をつけて大地を駆け回ることができる。大地はかれらのものである。

動物は誰しも生まれるまでに、または生まれてからも、はるか先祖からの歴史を体験するものだ。それは生まれるまでは卵の中もしくは胎内であり、生まれてからは成長する過程がそうである。ほ乳類のある種では、母胎から産み出された子は親とまったく同じ姿かたちをしていてすぐに駆け出す。この子どもに進化の過程を見つけるのはむずかしい。

肉食ほ乳類や鳥類は、子が未熟で産まれるため親が世話をしなければならない。新しい生き物はまだ不完全なのである。草食ほ乳類は子が哺乳しないなら完成された動物と言える。しかしこれは哺乳類でなくなることを意味する。

魚や下等動物は親が教えることが出来ないので、遺伝子に生きていくための情報を詰め込む。しかし残念ながら進化したほ乳類や人間の子は教育しないと生きていけない。これははたして進化した動物と言えるのだろうか。

現在、ほ乳類の多くは草食だが、草食獣が現れるまでは、動物は誕生からずっと肉食で成長を続けてきた。それは「肉食＝食物連鎖」で常に頂点が入れ替わるからである。しかしこの自然の法則も完璧ではない。最大の動物**シロナガスクジラ**は小さなアミを濾(こ)して食べる。最小から最大への食物連鎖は途中の動物たちを無視している。

「極」をめざすもの

数十億年の間に大きな大陸が海洋の浸食によってこわされ、海の底に沈んだり出てきたりして地球の景色は全く変わる。寒冷期が訪れ白い世界で動くものは、時間とその色を覆い尽くす黒い闇だけである。

そして地球がふたたび暖かくなると、氷河期を生き延びたほ乳類の長い毛では非常に暑くなる。かれらは海水につかるが厚い毛のせいで海水が皮膚までとどかない。今度は高い山に登る。いくぶん涼しいが雷がこわい。かれらの一部は北へ向かって歩き始める。1日1キロメートル歩いて10日ほどそこに居すわる。10年かかって300キロほど北に来るがまだ暑い。仲間の数がだんだん少なくなる。

食べ物は主に亜熱帯の果物から広葉樹にすむ小動物に変わる。獲物が少なくなると、ときどき海にでて魚を捕まえようとするがうまくいかない。岸では子どもが母親を待っている。そしてこの行為がやがて首を長くする。

洞窟をみつけると、居心地がいいのか長らく滞在する。そこで子どもはすくすく成長する。あらたな家族ができるとふたたび移動を開始する。何世代にもわたりやっと涼しい場所にたどり着く。かれらにとってそこが永遠の地となる。色がなくなった毛は苦労の白髪である。

白い世界で生きる動物は体を保護色にしているが、かれらの子どもは昔の時代に生きたときの色のままである。

追うものと追われるもの

俊足の動物が森を駆け抜ける。恫喝（どうかつ）する声が弱いものたちをおそう。鳥は空へ逃げ、虫は草のかげにかくれる。

爬虫類からまったく違う動物に変わったそのものは、のどを鳴らし口角を上げて威嚇（いかく）する。乾いた空気が新たに声帯をつくって口の形で音を使い分ける。またその空気は鼻を大きくして臭いをひろう。さらに口元に触角（ヒゲ）を復活させ耳は音源を探し出す。

神経を研（と）ぎ澄（す）まし、息を殺し、五感を働かせる。獲物は身近にいる。爪を立て、たてがみを振るっておそいかかる。牙が相手の首に突き刺さる。獲物は痙攣(けいれん)し息絶える。

溶岩の大地はすでに無く、風化した岩石の上に朽(く)ち果(は)てた生き物の残骸(ざんがい)が横たわる。温暖期に大きく育った草木は寒冷期には背丈(せたけ)を縮める。

そんな環境のなか、争いを嫌う動物たちが新しく「群れ」という社会をつくる。動物の進化は最終局面に入ったように思える。草や木の実を食べ、つつましく生きている。かれらは移動を開始する。暖かな気候を求め南へ向かう。そこにはやはり豊富な草や木の実がある。

しかし怪しい影がかれらのあとを追う。かれらはそれをまだ知らない。群れの防衛体制や個別の防御機能もかれらにはない。なにより戦うことを教わっていない。先祖の教えに逆らうことはかれらにはできない。

奇襲をかけてくる相手には瞬時に避難する。しかし群れの仲間が餌食(えじき)となる。かれらはそれを悲しく見るしかないのだ。

自分たちが先に誕生した動物なのに、あとから出てきた新種に追われる。これも自然の掟である。

● 特殊に進化した動物 ●●

氷河期に海や河口に進出したほ乳類仲間で、メタボ海獣の

アシカ・オットセイ・セイウチは上半身（首と前脚）が発達している。だから芸達者だ。**アザラシ**の仲間は下半身（腰の骨と筋肉）が発達している。両者は泳ぎ方も違う。前者は鳥を、後者は魚をまねる。海牛の**ジュゴン**は浅い海にすみ、**マナティ**は暖かな川や河口を住処とする。みんなイタチや象に似ている。

カモノハシは哺乳で子を育てるが卵を産む。前脚は水かきが付いてくちばしは鳥。ほ乳類と爬虫類と水鳥が合体した珍種である。

地球がひとつの大陸であったころ、爬虫類に進化した動物は全地域に分布していた。やがて大陸が分断され、小さな大陸では爬虫類のほとんどがほ乳類にかわる。地球の環境変化によってほ乳類にかわる時期はどこも同じである。爬虫類としてひっそり生きてきたものも隠れる場所がなくなり、より大きなほ乳類によってその種は絶たれる。

大きな大陸から切り離された大地は遠くへ移動する。そこでは動物間の生存競争はなく楽園にも思える。そのため外敵に対しての免疫がない。未熟児で生まれても一匹で生まれても問題はない。しかしここでも有害な細菌は存在する。全身毛で覆われている動物でも母親の乳は露出している。華奢なカラダが細菌から守る手段として得たのが、乳を守るあらたな「皮」である。子は生きるために乳に向かう。そして袋の中で成長する。

「極」へ逃げるもの

生存競争を嫌う鳥が海岸に逃げる。岩礁に身を寄せて水面で泳ぐ小エビや小魚をねらう。陸上の虫にくらべ海の食べ物は高タンパク質である。そこで体重がふえる。かれはもう大空を羽ばたくことができない。このままいれば肉食獣のエサとなるだけ。島づたいにひたすら逃げる。行き着いたところは空の世界はなく、白い未踏(みとう)の極寒地である。そこではブリザードが生物を寄せつけない。そして暗く重く冷たい海が広がる。かれらの子孫はその地の環境にみごとに適応する。

動物の遺伝情報

多くの動物たちは一生自分の身体を見ない。にもかかわらず仲間たちを認識する。視覚だけではない感覚（遺伝情報）がそうさせる。

動物が日常を体験しているときに脳が最も重要な情報と判断したとき、それを遺伝子に残す。同じような情報は濃縮され強く残る。そして危険が迫ると先祖のその遺伝物質が出て脳へ行く。だから自身が経験してなくても何が危険かはわかる。ナマズの地震予知や動物たちの異常行動は、遺伝子の命令による危険回避である。人間の行動は自分の意志によるが、下等動物の行動はほとんど遺伝子が操作する。それが本能である。

またウナギが太平洋の深海へ戻るのも遺伝子がそうさせる。そこは遙か遠い昔の故郷である。

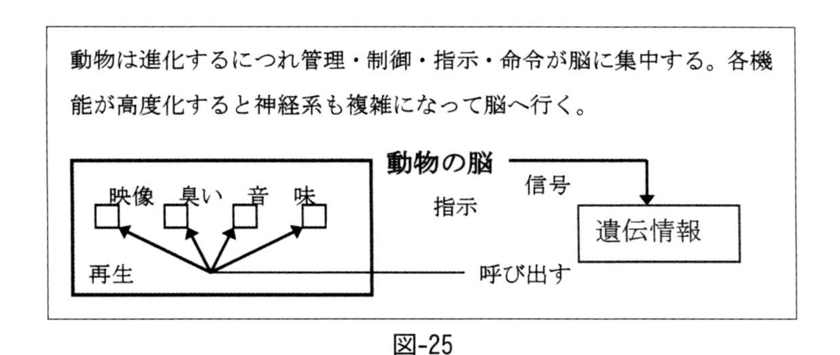

図-25

遙か昔の、光も音もにおいもない世界で生きた動物は、遺伝情報が乏しい。そこでは月の周期と引力が子孫に残す情報である。これはすべての動物に受け継がれる。人間も例外ではない。[※3]

しかし人間は、遠い先祖の教訓などが遺伝子に残っていて

※3　女性の生殖機能の周期もその名残である。

も、自分の意志もしくは反射的にでもそれを呼び戻すことができない。人間の脳は本人の経験（記憶）がすべて支配していて入る余地がないのである。

記憶が喪失し楽しさの感情が無くなったとき他の動物と同じになる。

動物たちの「想い」

動物たちの未知なる能力は自然から自立した時点から発揮される。タコや昆虫などのカムフラージュや擬態は、生き延びたいという「想い」の為せる業であるが、それは意識を強くしてモノを観察することからはじまる。

魚にヒレが備わるのも、陸に上がった動物が足を持つのも、移動したいという「想い」から独自にその環境に適した機能を身につける。また鳥は翼を得る前、空をながめながら、この危険な地から逃れたいと切に願ったに違いない。これらの動物の「想い」は何世代にもわたって受け継がれ、やがて達成される。そして伝播する。

人間が強く思い込めば、想いが叶うように他の動物も然(しか)り。事に満足していれば何も変わらない。進化は生き物たちの「想い」の結果でもある。

霊長類の出現

多種多様のほ乳類が生まれてくるが、ひときわ能力の劣る動物が現れる。各動物はそれぞれ特別な能力を持っている。鳥はすばやい動きのため視覚が発達している。多くのほ乳類は嗅覚と聴覚が発達している。脚力もそなわっている。しかしこの動物たちはすぐれた能力が見当たらない。走るのも遅い。だから毎日おびえて木の上で過ごしている。かれらは地上の弱肉強食の世界とは無縁であると願う。

かれらがカメレオンの仲間から進化した、新種の動物として誕生して以来、地球の温暖化と寒冷化は何度も繰り返される。そのたび移動を余儀なくされる。環境変化に弱く生命力にも劣る動物なのである。移動先ではその土地の木の実を主食とする。

かれらが弱いながらに発達させた能力に顔の表情をつくるという動作がある。これによるコミュニケーションが霊長類社会に生まれる。しかし死ぬか生きるかの世界で戦っている動物にとっては意味を成さない。

霊長類以外の多くのほ乳類は、その動物社会の力関係において雄・雌同等であるが、弱い霊長類では肉体的にさらに弱い雌（受胎した雌）を外敵から守るため雄が上位の社会をつくる。

第五章　人　間

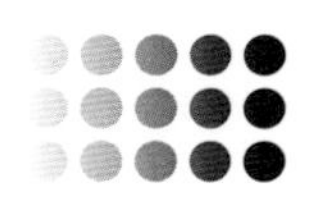

後世に至って確立された**ゴリラ**や**チンパンジー・サル**といった霊長類の当初は、それらがかけ合わさった動物たちである。その種類は全頭数に匹敵する。ヒトもその中にいるがまだ区別はつかない。人類という特別な種は存在しない。

多くの霊長類は前足（腕）が長く、後ろ足が短い。なかには後ろ足が長いものもいる。前後の足の長さが逆転しているものもいる。その動物たちも他の動物同様「手」をついて歩いている。だからこの時点ではまだ足である。

700万年前

● ヒト ●●

あるものが、どうも歩きにくいと感じて二足歩行をこころみる。そのうち他の仲間もまねをする。しだいに平衡感覚が養われ自由に動きまわれるようになる。そして脳が刺激される。前足が短く後ろ足が長い仲間は全員二足歩行になる。このときは体格が大きい小さい、頭が大きい小さい、体毛が多い少ないといったいろいろな仲間が一緒になっている。全員が猫背で、全身毛で覆われ、しっぽも付いている。しかし二足歩行つまり上体を上げたことで、しっぽは必要でなくなる。

彼らにとって平和な時代がつづき仲間の数が多くなると、縄張り争いがおこる。仲間同士の最初の争いは威嚇(いかく)攻撃である。しかしそのあとどうしていいかわからない。怖くなって逃げたところに別の怖いやつがいる。さいわい草食獣である。敗れたものは別の場所へ移動する。ヒトとなった一団は、身体や顔の特徴でいくつかのグループに分かれる。共通するのは木登りが苦手ということ。

ヒトはその行く先々でいろいろな動物と出くわす。そのたび逃げかくれる。非常に臆病である。それは武器となりえるものを持ち合わせていないから。いつも死と隣り合わせ。安全な場所や、心安らぐ時間はあるのか。こういう想いはヒトに与えられた試練である。この問題を解決するため、けものたちと、または仲間同士が争うことになる。

600万年前

● 猿人 ●●

流浪(るろう)の旅人となったヒトは四方へ散らばる。共通して困るのは食糧の確保である。初めてのものを口に入れて食中毒をおこす。それを教訓としてつぎからにおいをかぐ。腐る前の熟した木の実は鳥から教わる。彼らはひとつひとつ学習していく。

ある一行は旅の途中、嵐に出会う。突然稲妻が光る。目の前の木に落雷し、あたりは炎につつまれる。動物たちは奇声を発しながら逃げまどう。自分たちも一生懸命走る。が、遅い。熱い炎に耐えながら鎮火を待つ。そして焼け跡の中から食べられそうなものを探す。黒くなった木の実と動物の丸焼きがある。ひとつひとつ試食する。このとき「焼く」調理法を学ぶ。それからは動物の死骸を見つけると、火のあるところを探すようになる。しばらくするとけものたちが集まってくる。ヒトは逃げ出して、また群れがバラバラになる。

小枝を持った小集団がいる。どうもこれで木の実を落とすらしい。端のほうで小枝を振りながら踊っているものもいる。すると近くにいる動物たちが逃げ出す。そうやって道具とその使い方を学ぶ。

ヒトには痛みという感覚が備わっている。しかしそれは他の動物同様、痛み＝危険という合図である。彼らは旅の途中で傷を負うなどいろいろ体験するにつれ、徐々に痛みへの恐怖がやわらいでくる。したがって仲間同士のけんかも激しくなる。あるとき乱暴者が木の枝で仲間を刺し殺してしまう。ほかのみんなは一斉にそいつを袋だたきにして群れから追放する。流れ者となった彼は、動物たちと行動を共にする。もちろん草食獣である。そこで動物たちからいろいろ教わり、別のヒトの集団に加わる。そして動物たちから教わったことを活かし、群れのリーダーになる。

この時代は、武力によらず、新しいことを発見したものがリーダーになれる社会である。武力によるのは集団で狩りをするようになってからで、そこから欲も生まれる。

200万年前

● 原人 ●●

彼が群れに持ち込んだのは動物たちの鳴き声である。そこから声帯を発達させ言葉をつくる。彼らは共有する単語をつぎつぎつくっていく。これで今まで顔の表情や動作で示していた意志の疎通（そつう）が言葉によってできるようになる。

この集団と、すでに火をおこせる集団がかち合う。両集団が一つになり強力な集合体となる。食べ物は木の実から肉食へかわる。獲物は小動物から中型動物へ。それから集団で狩りをおこなって、大型動物までも獲物とする。筋肉がつき、皮膚下に脂肪が蓄積されると体毛が徐々に落ちていく。そして射止めた動物の皮をまとって寒さから身を守る。

ほかの霊長類と同じ横並びだったヒトが、着実に人間へ成長していく。

動物は目にした映像や体験などの情報を記憶し、遺伝子に保存する。それは種（しゅ）が生き残るための必要条件だから。しかし人間は他の動物より劣っているので、常にそれを思い起こす。人間はいたるところに動物の絵をかいて、狩りの方法を忘れまいとする。※4

家族がふえて手狭になったので、あらたな地へ移動しなければならない。人間の祖先である彼らは、「言葉」と「火」と「狩りの方法」を武器に、未発達のヒトたちを次々と倒していく。

60 万年前

● 旧人 ●●

地球は長い寒冷期から温暖化へ向かっている。火山活動が激しくなってくると動物たちが騒ぎはじめる。大地が揺れ、山がこわれる。海は荒れ狂う。動物たちに逃げ場はない。真っ赤な溶岩と熱風がおそいかかり、かれらはとうとう狂い出す。人間も多くが倒れ、数少なくなったヒトの一派（猿人・原人など）は絶滅する。

人間や動物もここで生き残ったものは生命力の強い、選ばれしものたちである。

※4 アルタミラの洞窟壁画など。

15 万年前

● 新人（ホモ・サピエンス）●●

人間はまた移動を開始する。そこは溶岩がすべてを消し去っている。かれらは海に食糧を求める。しばらく海岸の貝類で間に合わせる。食糧が乏しくなってくると、しだいに凶暴になる。仲間うちのケンカが絶えない。一族を引き連れ別々の場所へ向かうしかない。動物に出会うと、恐怖の目から獲物を見る目に変わっている。顔つきもいくぶん精悍（せいかん）になっている。人間は元来肉食であったが、飢えをしのぐためやむなく草を食べ始める。当初からだは受け付けなかったが次第にそれを消化し、栄養を取り出すことに成功する。

気候が温暖になって地上で生命が息吹く。そこではまた生きるための戦いが始まる。

図-26

10 万年前

● 先祖 ●●

数万年の間にほ乳類たちもすっかり様変わりする。体毛の長いものは北へ移動し、少数の子どもを時間をかけて育てる。そこは動物たちの縄張りである。人間はそこに遠慮なく入っていく。当然争いが起こる。先住者を追い出すのではなく、捕まえて食糧にするためだ。

彼らの前に体毛のない人間があらわれる。言葉はしゃべれないようだ。外観はかなり違う。体格が大きく骨が発達している。石灰岩の大地に長く住み続けたからだ。そして直立歩行である。この人間は頭蓋骨が大きく、直立でもって重たい頭を支えている。徐々に大きくなれば首の筋肉も発達するだろうが、突然の変異はその人間をおのずと直立歩行にさせる。そして後頭部から後ろにまっすぐ伸びた背骨は、だんだん下向きになって顎が下がっていく。突然変異で生まれた人間の子もその誕生から頭を大きくする。母親はオロオロする。頭を支えないと首が折れそうである。片時も目が離せない。そして何より自然に対して生命力の弱い動物として誕生したのである。赤ん坊は胎内の極楽の世界から産み出され、自然環境の厳しさにただ泣き叫ぶ。この世界をいやがっているように。たとえ母親が我が子を不憫(ふびん)に思っても、生まれてきた以上この世界で生きていかなければならない。

人間の赤ん坊はチンパンジーのそれとあまり変わらない。数カ月すると自由に動き回り、半年〜１年で二足立ちする。

両方の団体が衝突する。すると家族単位で四方へ散らばる。ある一家族が移動の途中で別の人間の家族と合流する。その家族の子、孫は両方の遺伝子を受け継ぎあらたな人種ができる。彼らはこの家族だけに通用する言葉を開発する。そして多くの単語を作り出す。それでより細かく意思伝達が出来る。一方、言葉を知らないままの人間は、話せる人間から疎外（そがい）され、行き場を失う。彼らの子孫は話せる人間の僕（しもべ）となる。[※5]

5 万年前

● 遠征と移動 ● ●

地球はこれから再び寒冷期に向かおうというのに動物たちに移動はみられない。人間たちだけが数を増やしながら北へ東へ移動する。そこに道はない。高い山の頂まで木々が茂り、けものみちもすぐに草木の中に消える。

※5　奴隷制度の先駆け。

毎日襲い来る夜の恐怖から逃れようと、かれらは太陽を追いかける。そして多くの者が東へ向かう。まだ自分たちは弱いものであると自覚しているのである。このころより現代の人間にも通じる価値観が芽生え、人間の本質（理性）が確定する。

一家族の縄張りは100キロメートル四方、歩いて行けない距離を確保する。あとから来るものはその先に進まなければならない。地震や噴火をさけ、なおかつ、水と食糧が確保できる場所は人間のみならず動物にも人気が高い。そういう場所では頻繁（ひんぱん）に紛争がおこる。かれらに打ち勝つためには身内の数を増やす必要がある。外部から新たな人間を受け入れて同じ仲間同士の部族とする。

所帯が大きくなったところは、縄張りも大きくする必要がある。ここから若者たちによる遠征が始まる。留守をあずかるのは長老たちである。

長老のなかでも一番の年長者が部族のリーダーである。人間の寿命が短い時代にあって長く生きてきたのは特別な「力」を持っているに違いない。周りのそういう思いからかつぎあげられた指導者である。※6

※6　このころより特定の人間を仲間内の象徴として崇（あが）めるようになる。

3 万年前

● 定住生活 ● ●

かれらの日常は不安だらけである。食糧と水の不安。獣たちに襲われる不安。大雨と寒さの不安。このうち三つは洞窟を住居にしていればなんとかなる。食糧は若者たちが捕ってくる。それで少し余裕が出てきて、いろいろなものを発明する。狩りに使う弓はあとで戦う道具になる。ツタをつなぎ合わせたロープは罠を仕掛ける道具である。水を入れる器は、土をこねて作った器が火事に遭い、そこで偶然焼成された「土器」だ。

槍と弓を持って山から下りてきた若者たちは、草原にいる獣を見つける。さっそく狩りを始めようとしたとき、縄張りの主が現れ小競り合いが起こる。若者たちは獣が家畜になっていることに衝撃をうける。

世代が代わり、洞窟の部族は山を下り、平地に居を構える。そこであらたに家畜を飼う。

人間は今では全世界に分散している。海岸から山奥まで、ジャングルから氷の世界まで、地球上で未踏の地がないほどである。おのおのが先祖から受け継いだ縄張りをかたくなに守っている。今までその土地で平穏に暮らしてきたのだからそれで良い。これは誰でも思うことではあるが。その土地を離れるのが怖いのだろうか。いや、まだ見ぬ世界が怖いのである。それでも果敢に挑戦した先祖の苦労がしのばれる。

1 万年前

● 文明の始まり ●●

人間の自然へのかかわり方が変化する。「自然の恵み」のみで暮らしていた時代から「文明」と呼ばれる時代に入る。文明がもたらすものは富と欲。富は定住によってもたらされ、欲は安心を得るために起こる。

人間は考えることをやめない。こうすればこうなるという経験則と観察力から、合理的に物事を判断するようになる。すると利口になったのか欲が出る。最初は安心を得るためのものが、経済活動によっていつしか満足を得るためのものへ変質する。

独立し自給自足の生活をしていた部族の間で交流がおこり、いくつかの部族が自分の地域で生産した食糧の余剰分を物々交換するようになる。経済活動が開始される。交換品も食糧から家畜・衣類と種類が増える。部族の集落は「村」になって、それを結ぶ道が出来る。余裕が出てきた村は家畜を農業や運搬に使う。生産量が上がり富が生まれる。富を運ぶために新たな道をつくる。そのうち富と我が身を守るため、仲間同士に負担・奉仕・協力つまり共和の精神が生まれる。そしてみちを誤り武装し独占するようになる。一方で不安に駆られ得体（えたい）の知れないものの恐怖におびえる。その恐怖を取り除こうと「神様」をつくり出す。

人間社会で生まれた文明は、自然に従うものたちまで巻き込む。動物や植物は常に生存競争と弱肉強食の世界で生きている。その中に人間は経済戦争を持ち込む。動物たちの縄張りに踏み込んで森を焼き、地面を掘り起こす。抵抗するものに容赦はない。

人間は古来モノを造ることで、文明とか発展という名の繁栄をきわめている。しかしもともと弱い動物である。弱いがためにモノを造らざるを得ないのかもしれない。そして弱いために身構える。

文明社会が発展するにつれ、その環境と自然の環境とが乖（かい）離する。今では閉ざされた世界だけで生きている人間が自然の環境と接するものは何があろうか。傲（おご）れる人間は最強と信じるコンクリートで縄張りを固め、天災が起きても逃げることを忘れてしまう。その結果悲劇が起こり泣き叫ぶが、その声は自然にはとどかない。

現在

● 知恵の代償 ●●

霊長類が他の哺乳動物と違うのは視覚・聴覚・嗅覚そして脚力が劣る点にある。人間も霊長類の仲間だからそれらが劣っている。しかし本来優れた能力があって生きのびてきた種(しゅ)の末裔(まつえい)なのだから、決して劣っているわけではない。にもかかわらず、なぜ人間は知恵を働かせ楽を求めるのか。

あるときは「楽」を享受し、あるときは「旨(うま)さ」を味わう。そして「楽しさ」で満足する。そのたび野生本来の能力がほそる。五感以外の感覚を第六感と称し、理解し得ないものを超能力と言う。「楽」を求めれば足腰が弱くなるし「旨さ」を求めれば味覚が麻痺する。「楽しさ」を求めれば辛さが倍増し「安全」を求めれば危険がわからなくなる。せっかく人間が築き上げたこの特別な能力を使うことにより人間自身がダメになっていく。知恵は人間を堕落させるために生まれたものではない、ということをわれわれは知ろうとしない。

先祖は決して楽をして生きてきたわけではないだろう。常に追いつめられた状態であったに違いない。そのようにして体得した先祖のこの知能とカラダを粗末にしてはいけない。

果たしてわれわれに失われた野生の感性は戻るのだろうか。

第六章　自　然

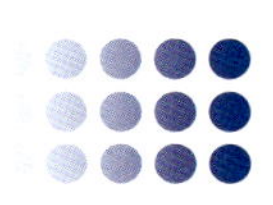

人間は人工と自然（天然）を区別するが、他の動物は全てが自然である。海に沈む廃棄物も水中生物にとっては自然の恵みである。放置された木工製品も鳥や虫や小動物のすみかとなる。地球の奥底で長い時間と高い温度、高い圧力でできた鉱物も、地球で生まれた全てのものが自然の産物である。

自然は本来なにもかも混じり合った汚いものである。それを微生物が長い時間をかけて分解したおかげで、水も空気も浄化され他の生物がすみやすい環境になった。言わば微生物が最初の「自然の破壊者」である。それ以後、生物と自然との「戦い」がくり返される。自然は見返りに有害な紫外線を照射する。それによって多くの微生物が死滅する。生き残ったものは植物を育ててそこに隠れ棲む。すると今度は強風で樹木をなぎ倒す。さらに大雨を降らせすべてを洗い流す。そしてそこから這い上がってくるものたちをじっと待つ。

自然は、地球の爆発によって生じた大量の二酸化炭素を植物をつくって処理させようとしたが、植物が増えすぎると今度は草食動物をつくって地球のバランスを保とうとする。しかし特定の動物が長く支配することを望まない。

人間は古来、自然の脅威を防ぐことにその能力を使ってきた。しかしすべて成し得なかった。自然を罠にはめようとするが、自然は歯牙にもかけない。にもかかわらず人間は科学というもので自然を凌駕しようとする[※7]。科学が頑張っても自然がつくる命までは解き明かせない。だから創造することは出来ない。自然の神秘には勝てないのだ。

自然は有機化合物に生命を与えたが永遠のものとはしない。子孫を残すことを許さないかのように、お互いを争わせたり、災害を起こしたりしてすぐ滅ぼしてしまう。自然は非情である。そして生き物は容易く生きられないということを教える。

またどうして生き物を二つに分けたのか（♂と♀）。だからひとつになろうとする。子は自然がつくり出したものなら親は自然に対し差し出す[※8]ものだが、動物は意志を持ちそれに逆らうように子を守る。この時、動物は自然に従順でなくなり子は親の所有物となる。

自然は地球のダイナミックな動きに従うが、動物たち人間たちの勝手な振る舞いにはついていけない。

※7 原子力や遺伝子操作など。

※8 古代の人は、生け贄と称して罪のない人間を殺した。

● 多様性とバランス ●●

今も昔も植物の仲間にはコケがあって草があり木がある。動物は草食がいて肉食がいる。生き物は植物同士や動物同士、または植物と動物が関係を持ちながら、競争し合いながら生きている。そしてかれらの仲を取り持つのは環境である。

あるものがいなくなったり、新しく陸地が出来ればその空白地帯に生き物がどっと押し寄せる。移動したあとのところにも別の生き物が移り棲む。そしてやがて落ち着く。ある生き物が減少すればその競争相手が増加するという単純なものではない。要は、全体に対するそれぞれの比率や濃度で全体の秩序が保たれているということである。これは人間世界にも言える。

競争している当事者は秩序など考えない。自然が考える。自然は自身の環境のもとで、それぞれの員数と総数を調整している。そして動物を♂と♀に分けたのは最初の調整である。すべての生き物は環境に支配され、自然にコントロールされているのである。

本来、生き物の世界は生存競争で成り立っていて、弱いものや環境に適応できないものは自然の掟(おきて)にしたがって去っていく。それが自然淘汰である。しかし人間だけはこの法則に

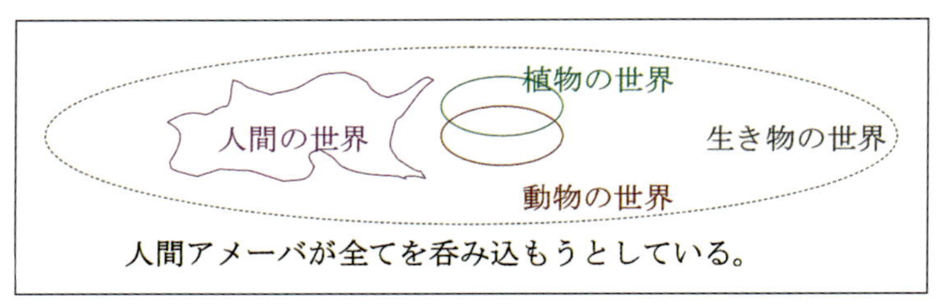

図-27

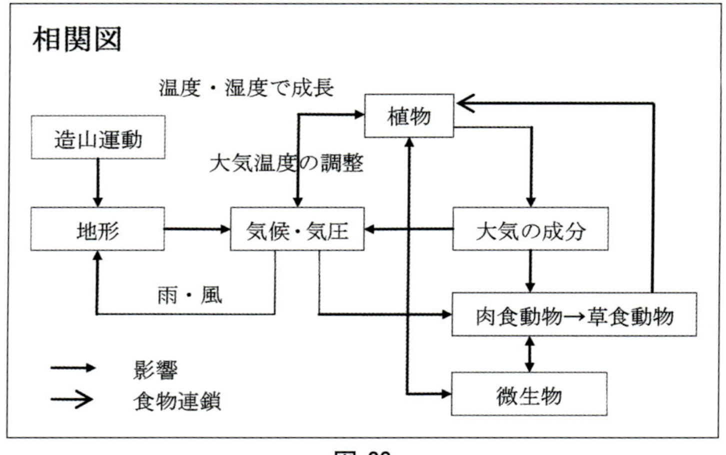

図-28

従わない。

地球は自然をつくり出したが、そもそも自然とは何なのか。それは手を出してはいけないものなのか。地球が求める姿とはどういうものなのか。それは誰にもわからない。わからないから人間は、地球を自分たちに都合の良い世界につくり変える。

自然に従わず、その独自の世界で生きる人間は果たして生き残れるのだろうか。

地球の未来像

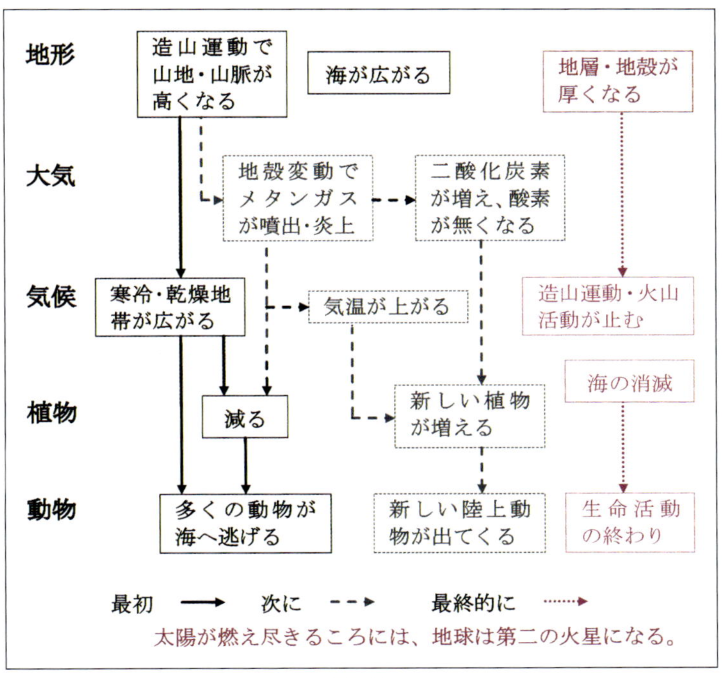

図-29

異次元の世界

古代の生物は遙(はる)か遠い昔に、何億年もの間降りそそいだ太陽のエネルギーを蓄積し、地下に埋蔵する。単細胞藻類や原生動物が地球を覆っていたころ、その死骸が１年で0.01ミリ積もれば10万年で１メートルの厚さになる。圧密され100分の１になったとしても１億年で10メートルの高さにまでなる。こういう状態が古代の地球の姿であったことだろう。

しかしわれわれはこの遙かに長い時間を想像することすら出来ない。

万物がもつ「時間」というものは、本来同じ次元である。しかし生物が抱(いだ)く時間はおのおの違う。生き物は自分が基準である。心臓が小さく脈拍がはやい小動物は一日が長く、脈拍がおそい動物は短いと言うだろう。植物は一年を単位とし、動物は一日を基準とする。※9

地球の時間からすれば無脊椎〜魚類〜両生類〜爬虫類〜ほ乳類の進化の時間は決して長くない。ましてヒトの進化は一瞬である。しかしわれわれの時間の基準（その人の一生）からすれば永遠に長い。

※9　海の動物は月の１周期が１日である。

地球の時間は、自身の自転・公転や太陽の光及び月の公転であって、地球に棲(す)む生き物などまったく問題にしない。われわれはその「母なる地球」から無視された時間の中で生きている。

地球の誕生から46億年という時間の長さは、わたしには到底計り知れない。石灰岩の大地を見ても、その中に埋もれた命の数など知るよしもない。しかし太陽が照り続け、地球が回り続けている間、時間は途切れることはなく、命とともに過ぎ去ってしまう。それを自然は止めることはできない。そして生き物はすべて自然がつくる地層（時代）という時間のなかに埋葬されるのである。

おわり

おわりに

地球は最初の偶然（彗星の衝突）から、そのあとの必然の中で変化し続けている。この物語の場合、説明できるものを必然、出来ないものを偶然または突然変異としている。

現代も未来もその必然の中にいるが、未来の姿は誰も知り得ない。過去においても同じである。知ろうと思えば想像を働かせるしかない。

この物語の内容や表現は筆者の偏見であると言われるかもしれないが、立場が違えば見方も違ってくる。人は自然の現象を、客観的かつ多方向から観察することも必要である。そうすれば欠点とか短所という言葉は無くなる。なにより自然を語るまえに、自然のしくみを知ることが大事ではなかろうか。

この物語が「自然とはどういうものか」を考えるうえでの一助になればと思う。

2016年

著者　志垣 英雄

志垣　英雄（しがき　ひでお）

1957年熊本県生まれ。八代工業高等専門学校（現熊本高専）卒業。同年中堅建設会社に入社し、主に関西地方と四国地方で勤務。15年勤めて退社。その後郷里に帰り、地元の建設会社、社会保険労務士事務所、建設会社と転職・退職して現在無職。

地球の物語

2016年8月2日　初版発行

著　者　志垣英雄
発行者　中田典昭
発行所　東京図書出版
発売元　株式会社 リフレ出版
〒113-0021　東京都文京区本駒込 3-10-4
電話 (03)3823-9171　FAX 0120-41-8080
印　刷　株式会社 ブレイン

ISBN978-4-86223-979-2 C0040
Printed in Japan 2016
落丁・乱丁はお取替えいたします。

ご意見、ご感想をお寄せ下さい。

［宛先］〒113-0021　東京都文京区本駒込 3-10-4
東京図書出版